카오스와 프랙털

비선형의 불가사의

야마구치 마사야 지음
한명수 옮김

BLUE BACKS
韓國語版

カオスとフラクタル

非線形の不思議
B－652ⓒ山口昌哉
1986
日本國·講談社

【지은이 소개】

山口昌哉   야마구치 마사야
1926년 교토에서 태어남
1947년 교토 제국대학 이학부 졸업
교토 대학 조교수를 거쳐 현재 교토 대학 이학부 수학과 교수, 이학박사
취미는 여행가서 스케치를 즐기는 것
저서에는 『비선형 현상의 수학』『수치해석의 기초』『먹는 것과 먹히는 것의 수학』등 다수 있음

【옮긴이 소개】

韓明洙   한명수
1927년 함남 함흥생
서울대 사범대 수학. 전파과학사 주간. 동아출판사 편집부 근무. 신원기획 일어부장 역임
역서로는 『현대물리학 입문』『인류가 태어난 날 Ⅰ·Ⅱ』『물리학의 재발견(上·下)』『우주의 종말』『만화수학 소사전』등 다수 있음

머리말

지금부터 거의 10년 전, 리와 요크의 수학 논문에 처음으로 '카오스'라는 말이 사용되었다.

한편, 같은 무렵 1975년, 만델브로가 프랑스어로 수학 에세이 『프랙털한 오브제·모양·우연·차원』이라는 책을 출판하였다.

이 둘은 각각 수학과 과학 세계에 하나의 충격을 주었다. 다만 출판된 당초는 이 두 가지에 관한 반향은 다소 달랐다.

카오스 쪽은 수학자, 물리학자 중에서 흥미를 가진 연구자가 속출하고, 그 이후 많은 연구가 이루어졌다. 어쨌든 결정론적 프로세스와 비결정론적 프로세스와의 경계가 없어지는 일이므로 기초적인 발견이라고 생각되었다. 한편 프랙털 쪽은 그 반향은 완만하였다. 적어도 수학자에게는 그랬다. 이미 1930년대에 발견되었던 하우스돌프 — 베시코비치의 차원을 실제로 복잡한 대상에 적용한다는 것으로 수학자에게는 뭣을 새삼스럽게라는 느낌이 났음에 틀림없다. 사실 이 책을 구입한 수학교실은 일본에는 별로 없었다.

그런데 70년대 말기부터 프랙털은 갑자기 물리학자, 지리학자, 또한 건축·미술·철학 등의 분야의 사람들의 주목을 받게 되어 일약 화제의 중심이 되었다.

그것은 하나로는 컴퓨터의 발달, 디스플레이의 진보와 더불어 이 아름다운 도형을 다수의 사람들이 즐길 수 있게 된 것, 물리학의 진보, 특히 관측기술의 진보가 자연 속에 있는 프랙털한 모양을 꺼내는 데 성공한 것에도 원인이 있다.

1985년에는 과학, 특히 물리학의 중요한 업적에 주어지는 컬럼비아 대학의 버너드 메달(이것은 1895년에 레일리 경과 램지 경에게 주어진 이래, 5년에 한 번 과학에 있어서 중요한 업적에 주어지는 메달인데, 뢴트겐, 베켈, 러더퍼드, 아인슈타인, 보어, 하이젠베르크, 조리오 퀴리, 페르미 등 저명한 사람들이 탔다)이 만델브로에게 수여되었다. 다시 그는 1986년에는 필라델피아의 프랭클린 협회로부터 프랭클린 메달도 받았다.

카오스 쪽도 언제나 연구가 확대되어 이에 기초를 둔 물리학이 이룩되기 시작하였다.

이렇게 유명해진 카오스와 프랙털을 그것이 어떤 것인가 알기 쉽게 해설한 것이 이 책이다. 특징으로서는 이 두 가지, 즉 카오스와 프랙털이 별개의 것이 아니고 실은 카오스의 프로세스를 거꾸로 보는 관점에서 프랙털이 나온다는 것을 설명하였다.

다만 해설만으로는 재미없기 때문에 이러한 상태가 된 유래를 비선형의 연구 역사를 되돌아 보고, 다시 카오스가 발견되기까지의 양상을 1960년에서 시작하여 조금 이야기풍으로 썼다. 이러한 발견은 지금에 와서 보면 일본인이야말로 좀더 넓은 시야와 교류가 있었으면 할 수 있지 않았을까 생각한다. 유감스럽게도 현재의 일본은 유행을 좇는데 바빠서 세계에 유행을 만들어 내는 것은 결국 거의 아무도 관심이 없지 않은가 생각된다.

1986년 5월
야마구치 마사야

차례

6

비선형이란 무엇인가

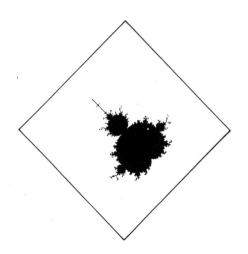

(1) 비선형의 법칙

비선형이란 말은 보통은 쉽게 듣지 못하는 말일지도 모른다. 그렇게 말하면 선형(線型)이란 말도 일상적인 말이 아니다. 예를 들면, 어떤 수조에 1분간에 0.4*l* 의 일정한 속도로 수도꼭지로부터 물을 붓는다고 하자. 처음에 한 방울도 물이 들어 있지 않다고 하면, 붓기 시작하고 나서의 시간 *t* 에 비례하여 수조 속의 물의 양도 늘어난다. 그때의 비례상수는 0.4이어서

수조 속에 찬 수량 *v* 는 *t* 의 함수

$$v = 0.4t$$

이며, 이것을 그래프로 나타내면 그림1과 같이 원점을 지나는 직선이다. 또 처음에 *t* = 0인 때 A*l* 의 물이 이미 있었다고 하면, 역시 기울기가 0.4인 직선인데 원점을 지나가지 않고 *t* = 0으로 A라는 절편을 가진 직선이 된다.

이렇게 그래프를 직선으로 나타낼 수 있는 법칙을 선형인 법칙이라고 부른다(독립변수의 1차함수라고 해도 된다). 그러나 이것으로 선형인 법칙을 모두 설명할 수 있는 것은 아니고 그래프의 세로축을 로그자로 잡아 보았을 때에 직선이 되는 것도 역시 선형인 법칙이라고 부른다.

즉 종속변수의 로그를 종속변수라고 보고 독립변수의 1차함수가 되어 있는 경우이다. 과학자가 사용하는 의미는 이보다도 더욱 넓고 미지의 법칙을 규정하고 있는 미지함수와 그 도함수가 1차의 관계(이 관계를 미분방정식이라고 부른다)로 연결되어 있을 때, 이 미분방정식으로 나타낼 수 있는 법칙은 선형인 법칙이라고 부른다.

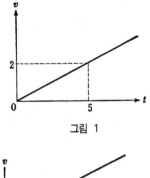

그림 1

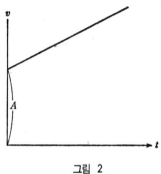

그림 2

이 입장에서 보면 최초의 예는 v를 미지함수라고 하면

$$\frac{dv}{dt} = 0.4 \qquad v(0) = 0 \qquad \text{또는 } A$$

가 미분방정식이며, 제2의 로그자를 세로축으로 잡은 방정식은

$$\frac{d \log v}{dt} = a \text{ 는} \qquad \frac{1}{v} \frac{dv}{dt} = a$$

로 적을 수 있으므로 v를 양변에 곱하면

$$\frac{dv}{dt} - av = 0$$

이라는 특별한 v와 $\dfrac{dv}{dt}$에 관한 1차식이 된다.

한마디로 말하면, 선형이란 원인과 결과가 어떤 의미로 비례적이라는 것이다.

그런데 이러한 선형, 비선형의 구별이 무엇을 의미하는가를 이 책에서는 상세하게 설명해 가기로 한다. 먼저 얘기하고 싶은 것은 이 구별이 사회적으로도 영향을 갖는 역사상의 큰 사건을 계기로 과학자 사이에서 인식되어 왔다는 일이다. 그 예를 폰트랴긴의 교과서를 참고로 생각해 보자.

1800년대 와트의 증기기관이 발명되고, 이 새로운 동력은 여러 가지 방면에 이용되었다. 그 중에서 가장 중요한 이용은 유럽 각지나 러시아에서 광산의 펌프나 윈치를 움직이기 위해 사용된 증기기관이었고, 이 이용에 의하여 각 광산의 생산은 대단한 기세로 상승되었다.

생산의 규모가 올라감과 더불어 사용되는 증기기관의 크기도 필요에 따라 비례적으로 커져갔다.

그런데 이 커진 증기기관은 어느 시기에 일제히 잘 작동하지 않는다는 것이 판명되었다. 이것을 해명한 것이 비시네그라츠키의 연구였다. 여기에서 선형에서 비선형으로 옮겨가는 일이 잘 나타나 있으므로 가급적 간단히 설명해 두기로 한다.

와트가 발명한 증기기관은 증기의 힘으로 피스톤을 움직여 바퀴를 회전시키는 것인데, 이 운동이 미끄럽고 안정하게 계속하도록 원심 제어장치가 달려있다. 그 작용은 그림 3과 같이 되어 있다. 그림 중에서 피스톤에 들어온 증기에 의하여 피스톤이 밀려나가 동륜을 돌리고, 이것이 윈치를 감아올리거나 펌프를 작동시키는데, 이 회전속도가 너무 빨라진 경우에 원심력으로 2개의 분동이 A라는

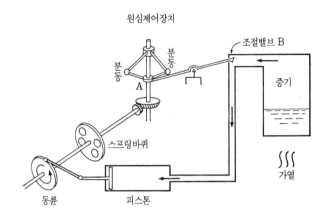

원심제어장치

조절밸브 B

분동   분동

A

증기

스프링바퀴

가열

동륜   피스톤

그림 3 비선형의 최초의 문제 – 원심제어장치

고리를 위로 올려 그것에 연동된 조절밸브 B가 증기의 분출을 억제하며, 따라서 회전 속도가 억제된다. 그런데 고도성장에 의해서 수요가 높아지면 광석 생산을 올릴 필요가 생겨, 그 때문에 이 증기기관 장치 그 자체의 각 부분이 비례적으로 크게 개조되었다. 그런데 그렇게 실린더나 이 원심 제어장치를 비례적으로 크게 했는데 여러 곳의 광업소에서 증기기관이 고장이 났다.

비시네그라츠키는 앞의 증기를 정압(定壓)으로 억제하기 위한 제어장치, 조절밸브는 비례적으로 크게 한 경우에 쓸모없게 된다는 것을 증명하고 새로운 비례적이 아닌 설계법을 제안하였다. 바로 비례적이 아닌 생각, 즉 비선형의 최초의 중요한 결과라고 해도 될 것이다.

실제로 두 가지 양이 비례적으로 증가하는 일은 세상에는 그다지 없고, 예를 들면 사람의 신장 성장의 방식도 비례적이 아니다.

물론 성장이 빠른 10대 초에는 1년에 1cm 자라는 사람도 많다. 만일 시간과 신장이 비례한다면 70세의 사람은 2m 이상의 신장이 되어야 하는데 그렇지 않다. 살아 있는 것의 생장은 비선형이며 반드시 어디에선가 포화된다.

앞의 증기기관 얘기는 제1차 산업혁명 뒤의 이야기인데, 최근에 이 비선형이 다시 큰 역할을 맡게 되었다.

그것은 결정론과 비결정론이라는 이분법이 이제는 성립하지 않는다는 것을 비선형으로부터 증명하였다. 이 발견에는 컴퓨터의 이용이 큰 구실을 하였음이 흥미롭다.

(2) 결정론과 비결정론

세상에서는 미래에 일어날 일을 예측하려고 법칙을 생각한다. 간단한 것으로는 앞에서 얘기한 선형 법칙으로 일정한 속도로 물이 나오는 수도꼭지에서 1시간에 0.4*l* 의 비율로 물이 나온다고 하자. 수도꼭지로부터 물을 받고 있는 수조에는 지금 이미 9*l* 의 물이 들어 있다고 해도 그대로 수도꼭지에서 물을 흐르게 하면 t시간 후의 수조의 수량 v를 예측하는 법칙은 어떤가 하면, 그것은 앞에서 얘기한 것과 같이

$$v = 0.4t + 9$$

라는 식으로 나타낼 수 있고, 앞 절에 사용한 용어를 사용하면 선형 법칙이라고 해도 될 것이다. 여기서 처음에 정한 9*l* 는 예측을 하는 시점(현재)에서의 상태이므로 이것을 초기값 또는 초기조건이라고 한다.

즉 법칙과 초기값을 주면 현재로부터 t시간 후의 상태를 간단히

예측할 수 있다. 이러한 종류의 법칙에는 다음과 같은 특징이 있다.

1. 초기값을 하나 정해두면 t에서의 값은 단지 하나가 결정된다.

2. 초기값의 값을 조금 변화시킨다. 예를 들면, 지금까지 $0.4l$였던 것을 0.42로 한다. 이때 같은 법칙을 사용하여 얻은 t시간 후의 v값은 조금밖에 변하지 않는다.

선형 법칙은 이 두 가지 성질을 언제까지나 지닌다. 첫번째 성질을 가진 법칙을 보통 결정론적 법칙이라고 한다. 그런데 이러한 1의 성질은 반드시 선형 법칙만이 가진 성질은 아니다. 예를 들면 흔히 예로 드는 세균의 증식인 경우에도, 이 경우에는 비선형이라고도 생각되지만 역시 결정론적인 법칙이다. 예를 들면 한 마리의 세균(이 경우는 이 한 마리의 1이 초기값)이 분열하여 1분간에 두 마리로 나눠지는 경우에 n분 경과한 뒤의 세균의 개체수 P는

$$P = 2^n$$

이라는 법칙으로 지배된다. 이 경우는 초기값을 1로 하였는데, 처음에 a마리 있고 그 모두가 분열하여 2배, 2배로 늘어나는 경우는

$$P = a \cdot 2^n$$

이 된다. 따라서 초기값 a를 주고 시간 n을 정하면 법칙은 선형은 아니지만 초기값에 대해서 단지 하나의 답 P가 결정된다. 따라서 이것도 결정론적인 법칙이라고 할 수 있다. 제2의 성질도 OK이다.

한편, 비결정론적이라고 부르는 법칙이란 어떤 것인가? 가장 대표적인 것에 동전던지기와 주사위던지기가 있다. 동전던지기에 대

해서 설명한다.

지금 1개의 동전이 있다고 하고, 이것을 몇 번이나 몇 번이나 던지는 것을 되풀이한다. 제1회째에 던졌을 때에 앞이었다고 하고 이것을 초기값이라고 생각한다. 제2회째에 앞이 나오는가 뒤가 나오는가 그것은 전혀 예측할 수 없다. 만일 이 동전이 공평하게 만들어졌다고 하면 앞이 나오는 확률과 뒤가 나오는 확률은 꼭같이 2분의 1이라고 생각할 수 있다. 더욱더 제2회째도 제3회째도 앞이 나오는가 뒤가 나오는가를 예측할 수 없다.

단지 흔히 말하는 것은 확률을 생각하여 제2회째에 앞이 나오는 확률이라거나, 2회 계속하여 앞이 나오는 확률 등을 계산할 수 있다. 그러나 이것과 지금까지 얘기한 결정론적인 법칙과는 전혀 다르다고 생각된다. 지금의 동전던지기 예에서는 제1회째에 앞이 나온 것(초기값)에서 결코 제n회째에 앞이 나오는가 뒤가 나오는가 확정할 수 없다. 이렇게 초기값으로부터 장래의 상태를 확정적으로 결정할 수 없는 법칙도 있다. 법칙이라고 해서는 안되겠지만, 확정되지 않지만 확률적으로는 추정되므로 확률적 법칙, 스터캐스틱(stochastic)한 법칙이라고도 부른다(랜덤(random)한 법칙이라고도 한다).

지금까지 얘기한 두 종류의 법칙을 모두 x_0라는 초기값이 있고 그것에서 처음 예에서는 n시간 지났을 때의 물의 양, 제2의 예에서는 제n대의 세균의 개체수를 각각 x_n이라는 번호가 붙은 수로 나타내면

$$x_0, \ x_1, \ x_2, \ \cdots\cdots, \ x_n, \ \cdots\cdots$$

라는 무한의 수열이 얻어진다. 여기까지는 비결정론 쪽에서도 같다고 생각된다.

그러면 제3의 예에서 동전의 앞이 나오는 것을 1로 나타내고 뒤가 나오는 것을 0으로 나타내기로 하자. 그렇게 나타냄으로써 이 동전던지기를 무한 횟수 시도한다고 하고 그 기록을 적어가면, 제1회를 초기값 x_0라고 하고 이 x_0는 1이나 0이다. 제2회 x_1, 제3회 x_2라는 식으로 제 n 회에서는 x_{n-1}이 되고 이 x_n은 모두 1이거나 0이라는 수가 된다.

그러나 지금까지의 예와 같이

$$x_0, \ x_1, \ x_2, \ \cdots\cdots, \ x_n, \ \cdots\cdots$$

이라는 수의 무한의 열이 생긴다. 확률 쪽에서는 시계열(時系列)이라고 한다. 되풀이하여 말하면, 처음의 두 가지 예(결정론) 쪽에서는 언제나 x_n에서 다음 x_{n+1}을 정하는 규칙이 결정된다. 이것을 식으로 일반적으로 적으면 $x_{n+1}=f(x_n)$이 되어 $f(x)$라는 함수는 제1의 예에서는

$$f(x)=0.4x+9$$

이며, 제2의 예에서는

$$f(x)=a \cdot 2^x$$

라는 함수였다. 이렇게 수열 x_n이 식

(1) $x_{n+1}=f(x_n)$

로서 적을 수 있는 경우를 역학계(dynamical system)라고 하자. 그때 초기값 x_0에서 나와 x_1, x_2, $\cdots\cdots$로 차례차례 식(1)에 의하여 결정되어가는 수열을 (1)이라는 역학계의 초기값 x_0인 경우의 궤도(orbit)라고도 한다.

역학과 아무런 관계도 없는데 역학계라고 하는 것은 조금 이상하다고 생각하겠지만 수학에서는 이런 말을 사용한다. 이유는 여기서는 상세하게 얘기하지 않지만 역학으로 나타낼 수 있는 각종 운동을 기술하기 위해서는 미분방정식이 사용된다. 미분방정식이란 미지의 함수와 그 미계수(도함수) 사이에서 성립되는 관계식이다. 예를 들면 질점이 낙하하는 모양을 기술하는 데는 질점의 위치를 시간 t의 함수로서 구할 때, 우리가 알고 있는 법칙은 이 함수의 t에 의한 2계도함수, 즉 가속도가 자유낙하의 경우 일정하다는 관계식이다(뉴턴의 법칙). 이 식을 미분방정식이라고 부르는데, 초기위치를 정하면 바로 이 방정식의 해로서 질점의 궤도가 결정된다. 이 최후의 부분, 초기값을 결정하면 미래의 시간 t에 대해서 상태가 결정되는 것은 (1)식에서 x_0이라는 수치를 초기값으로 정한 경우, 식을 사용하여 그 이후에 모든 n에 대하여 x_n이 결정되는 것이 앞에서 설명한 진짜 역학 문제를 풀 때와 비슷하기 때문에 이런 말을 사용한다고 생각된다.

물론 진짜로 미분방정식으로 나타내고 있을 경우도 '역학계'라는 말을 사용한다. 이 경우는 연속역학계라고 부른다. 이에 대해서 (1)과 같은 경우는 시간에 대응하는 n은 자연수의 값만을 취하므로 이산역학계(discrete dynamical system)라고 부른다.

두 가지 중요한 이산역학계의 그래프

(1)을 보기 바란다. x_{n+1}은 $f(x)$라는 함수를 사용하여 이 함수의 변수값이 x_n인 때의 값으로 씌어 있다. 이 함수는 반드시 하나의 1차식이나 다항식으로 씌어지지 않아도 된다. 예를 들면, 이 함수 $f(x)$로서 변수 x가 0과 $\frac{1}{2}$ 사이에 있을 때는 $2x$라는 식으로 계산되고, 변수 x가 $\frac{1}{2}$과 1 사이에서는 $2(1-x)$라는 식으로

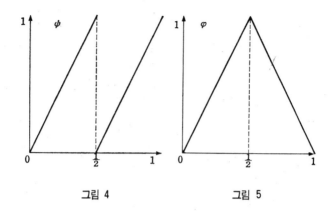

그림 4   그림 5

계산되는, 0과 1 사이에서 정의된 함수를 사용한 역학계도 생각할
수 있다. 이를테면 이때의 함수의 그래프는 그림 4이다.

　이것은 특별한 함수이므로 $\varphi(x)$라고 적고 앞으로 언제나 사용
하기로 한다.

　또한 다음과 같은 것이라도 좋다. 마찬가지로 변수가 변하는 범
위는 0과 1 사이인데, 이번에는 x가 0과 $\frac{1}{2}$ 사이에서는 $2x$로 계산
되는데 x가 $\frac{1}{2}$에서 1까지 움직일 때, $2x-1$이라는 식으로 계산
되는 경우이다. 이 경우에 그래프를 그려 보면 그림 5와 같이 된다.

　이 함수를 이번에는 ψ라고 부르기로 하자. 이것으로 2개의 간단
한 이산역학계가 생겼으므로 이 2개의 역학계는 대단히 중요하므
로 이것에 대해서 와세다(早稻田) 대학의 사이토(齊藤信彦) 교수의
설명을 빌어 이 역학계가 의미하는 것을 해석해 보자.

파이반죽 변환의 역학계
　과자인 파이를 반죽하는 방법에는 두 가지가 있다.

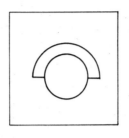

그림 6

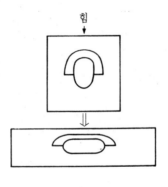

그림 7

그림 6은 파이 재료를 정육면체로 꺼내어 바로 옆에서 본 그림이다. 이것을 먼저 위에서 눌러 얇게 늘린다. 두께가 반이 되고 밑면의 1변 길이가 먼저의 2배가 된 것이 그림 7이다.

이렇게 납작해진 것으로 중앙에서 반으로 잘라 2개 겹치는 방식에 두 가지가 있다. 그것을 (ㄱ)(ㄴ)으로 나눠 설명한다. 납작하게 2배의 길이가 된 것으로 가운데서 나눈다(그림 8).

(ㄱ) 그 2개를 같은 방향으로 겹친다. 원래의 두께가 된다.

(ㄴ) 반으로 자른 2개의 부분을 뒤집어서 겹친다(납작하게 늘어난 것으로 자르지 않고 접어서 겹치는 것과 마찬가지다)(그림 9).

어느 방식도 둘을 겹치면 조금 섞인 것이 생겨 원래의 측면은 정사각형 모양으로 되돌아간다. 파이를 만들기 위해서는 속에 든 조미료나 스파이스가 골고루 섞일 필요가 있다. 그래서 이 조작을 되풀이하게 된다. 물론 실제로 파이를 만들 때에는 (ㄱ)과 (ㄴ)방법으로 병용하게 되겠지만, 여기서는 (ㄱ)방법만을 되풀이할 때와 (ㄴ)방법만으로 되풀이해 갈 때를 검토해 보자.

(ㄱ)쪽을 다시 한번 생각해 보자.

처음의 파이 재료의 측면을 나타낸 정사각형을 세로로 둘로 가른 것을 생각해 보자. 그것을 A와 B라고 하자.

이 두 부분은 밑변이 각각 2배로 늘어나서 (ㄱ)에서는 그대로 겹쳐진다. 이것을 지금 파이의 두께를 무시하고 그려 보면 밑변의 벡터 A와 B는 이 (ㄱ)조작에 의하여 각각 2배로 늘어나서 그대로 겹쳐진다. 그것을 그려보면 그림 11과 같이 그려진다. 그런데 역학계 ψ인 경우는 이것과 같이 되어 있다. 다음 그림 12를 보기로 하자.

이것은 앞에서 설명한 $\psi(x)$라는 함수의 그래프인데, x라는 값을 0과 1 사이에 있는 값이라고 하면, 이에 대해서 그림과 같이 $\psi(x)$라는 값이 대응하는 것을 그리고 있다. 여기서 0과 $\frac{1}{2}$ 사이의 x를 모두 생각하면, 이들 값에 대해서는 $\psi(x)$라는 대응되는 값을 모두 생각하면 x쪽이 0에서 $\frac{1}{2}$까지 변할 때에 $\psi(x)$ 쪽은 0에서 1까지 변화한다. 이때 이 뒤의 구간 〔0, 1〕을 x의 구간 〔0, $\frac{1}{2}$〕의 $\psi(x)$에 의한 상(像)이라고 부르기로 한다. 그림 속의 구간 A는 2배로 늘어나서 상〔0, 1〕이 되었다. 그림의 B쪽 〔$\frac{1}{2}$, 1〕도 마찬가지로 2배로 늘어난다. 따라서 이 함수 $\psi(x)$에 의해서 A와 B를

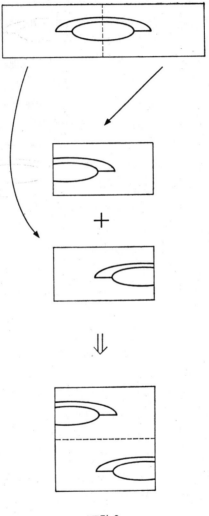

그림 8

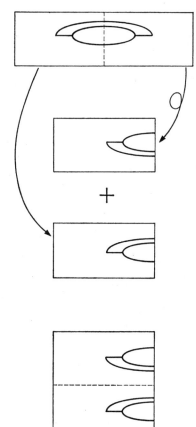

그림 9

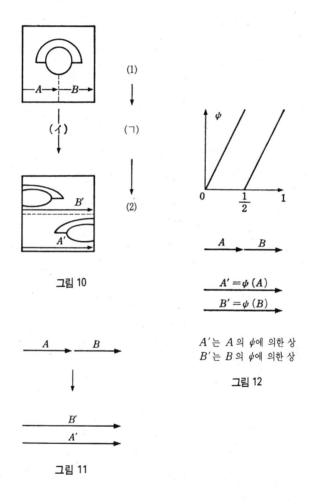

그림 10

그림 11

$$\psi$$

$$0 \qquad \frac{1}{2} \qquad 1$$

$$A \longrightarrow B \longrightarrow$$

$$A' = \psi(A) \longrightarrow$$

$$B' = \psi(B) \longrightarrow$$

A'는 A 의 ψ에 의한 상
B'는 B 의 ψ에 의한 상

그림 12

나타낼 수 있었다. x의 구간 〔0, 1〕은 앞의 조작, 즉 $\psi(x)$로 상을 만드는 것〔이것을 사상(寫像)한다고 한다〕, 같은 〔0, 1〕 구간에 이중으로 사상된 것이 되어 앞에서 (ㄱ)방법으로 한 것과 꼭 같다. 따라서 역학계

$$x_{n+1}=\psi(x_n) \qquad x_0는 〔0, 1〕의 점$$

으로서 x_n을 생각해 가는 것은 파이를 반죽하는 변환 중, (ㄱ)방법을 한없이 되풀이해 가는 것에 해당된다. 파이 이야기로 생각하면 쉽게 잘 섞여지는 것을 상상할 수 있다.

마찬가지로 하여 (ㄴ)방법에 대해서 생각해 보자. (ㄱ)의 경우와 같이 두께를 무시하여 벡터만을 생각하는데, 다시 한번 처음부터 복습하면 그림 13과 같이 되어 있다. (ㄴ)에서는 (ㄱ)과 달라 2배가 된 것이 방향이 거꾸로 겹쳐 있다.

그런데 이것은 또 하나의 역학계 $\varphi(x)$에서 실현된다. 앞에서와 같이 함수 $\varphi(x)$의 그래프를 그려본다(그림 14).

이 경우에는 구간 A는 앞에서와 같이 2배로 늘어나서 A'가되는데, B쪽은 2배가 늘어나는 것은 같지만 A'와 방향이 반대로 겹쳐진다.

이렇게 두 역학계는 파이를 반죽하는 조작을 무한히 되풀이하는 것을 추상적으로 표현한 것이라고도 생각할 수 있으므로 '파이반죽 변환의 역학계'라고 부른다. 그리고 그 중

$$x_{n+1}=\psi(x_n)$$

은 (ㄱ)방법을 되풀이하여 무한히 계속하는 것을 의미하며,

$$x_{n+1}=\varphi(x_n)$$

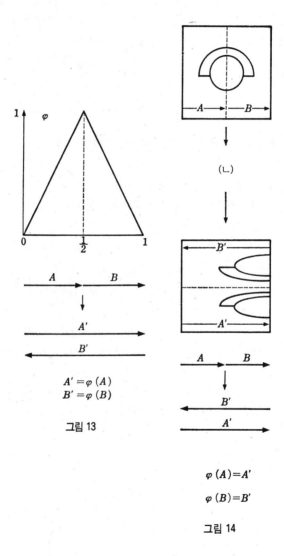

$A' = \varphi(A)$
$B' = \varphi(B)$

그림 13

$\varphi(A) = A'$

$\varphi(B) = B'$

그림 14

쪽은 (ㄴ)방법을 무한히 되풀이하는 것임도 지금까지 자세히 얘기한 것에서 알게 되었을 것이다.

(3) 랜덤한 수열을 만드는 조작

(2)에서 설명한 두 가지 법칙, 결정론과 비결정론 중 나중 쪽의 전형적인 예로서 무한히 되풀이되는 동전던지기 시행이 있었다. 지금 1개의 동전을 잡고 그것을 무한회 던져 보아 앞이 나오면 0, 뒤가 나오면 1이라고 기록해 가면 0과 1의 숫자가 차례차례 기록되어 무한히 계속되는 수열이 생긴다. 이것이 비결정론적인 것인데, 이렇게 n번째의 수에서 $n+1$번째의 수를 딱 정할 수 없는 수열을 스터캐스틱(법칙이 없는 방법이 뒤죽박죽이어서 확률을 정할 수밖에 없다는 의미)한 수식이라고 부른다. 그런데 참으로 흥미있는 것은 (2)에서 설명한 결정론적인 역학계에서 비결정론적인 법칙을 꺼낼 수 있다는 것이다.

실례로서는 (2)에서 설명한 〔파이에서는 (ㄴ)쪽의 반죽법〕

$$x_{n+1} = \varphi(x_n) \qquad \text{또는} \quad x_{n+1} = \psi(x_n)$$

이다.

그 비밀을 알아보자.

다시 한번 함수 $\varphi(x)$에 대하여 살펴보자.

앞에서와 같이 0에서 $\frac{1}{2}$까지의 구간(끝인 0도 $\frac{1}{2}$도 넣어서)을 A라고 이름을 붙이고 $\frac{1}{2}$에서 1까지의 구간(따라서 $\frac{1}{2}$는 겹친다)을 B라고 하자. 앞에서 얘기한 것과 같이 이 함수 ψ에 의한 사상으로 구간 A는 2배로 늘어나서 A의 상 $\varphi(A)$(앞에서는 A'라고 적은 것)는 0과 1을 포함한 전구간 〔0, 1〕의 점을 모두 포함시켜

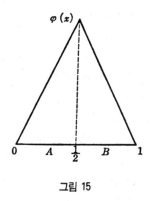

그림 15

버린다. 이것을 집합론의 기호를 쓰면

$$\varphi(A) \supset A \cup B = [0, 1]$$

가 된다.

여기서 기호의 설명을 하면 집합 갑이 집합 을에 포함된다는 것을 갑⊂을이라고 쓰고, 갑과 을의 합집합은 갑∪을이라고 쓴다.

따라서 이 식의 의미는 A점의 φ에 의한 상의 집합 $\varphi(A)$는 A와 B의 집합의 모든 점을 포함하고 있고, 또한 A와 B의 합, 즉 A점과 B점의 모든 점의 모임은 [0, 1]구간 그 자체가 된다는 것을 나타낸다. 그림 15를 보면 알 수 있는 것처럼 B에 대해서도 같고

$$\varphi(B) \supset A \cup B$$

가 성립된다. 이것이 지금 얘기한 결정론적 역학계를 사용하여 비결정론적 과정을 나타내기 위한 열쇠이다. 그것을 설명하자.

지금 (2)에서 생각한 것과 같이 비결정론의 대표적인 것으로 무한 횟수의 동전던지기 시행을 생각하면 동전의 앞은 A, 뒤를 B로 하고 A 또는 B가 무한히 배열된 것을

(*) $\omega_0, \omega_1, \omega_2, \cdots\cdots, \omega_n\cdots\cdots$

로 나타내기로 하자. 즉 ω_i라는 $i+1$번째의 기호가 나타내는 것은 A 또는 B의 어느 쪽이다. 따라서 (*)라는 표시법은 A와 B의 모든 표시법을 포함하고 있다. A만이 배열되어도 좋다. A와 B를 교대로 나타내도 좋다. 그 경우는 2주기의 주기적 표현이라고 부른다.

2주기로서는 $ABABAB\cdots\cdots$라도 $BABABA\cdots\cdots$라도 본질적으로 변함이 없다고 말할 수 있는데, 3주기의 표현법에는 두 종류의 표시법이 있다. 즉

(1) $AABAABAAB\cdots\cdots$

(2) $BBABBABBA\cdots\cdots$

(3) $BABBABBAB\cdots\cdots$

(4) $ABAABAABA\cdots\cdots$

중 (1)과 (4)는 같다고 볼 수 있지만, 나중의 (2), (3)의 그룹 (이것도 같다고 볼 수 있다), 즉 3회 중 반드시 A가 2회 B가 1회인 (1), (4)의 그룹과 반드시 B가 2회, A가 1회라는 (2), (3)의 그룹의 두 종류가 있다. 4주기가 되면 더 종류가 많다. 여기서 주기적인 A와 B가 나타나는 방식에도 종류가 있다는 것을 유념해야 한다.

주기 그 자체는 얼마든지 긴 것이 있을 수 있다. 또한 아무런 주기를 갖지 않는 것도 있을 수 있다. 예를 들면 A가 처음으로 나타난 다음에는 B는 그보다 반드시 1회만 여분으로 계속 나타나는

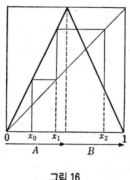

그림 16

경우에는 아무래도 주기적이 될 수 없다.

이렇게 (*)는 A, B의 나타나는 방식의 모두, 어떤 방식이든 나타낸다고 간주한다. 이것은 좀 이해하기 어려울지 모르겠으므로 설명을 해두겠다. 수학에서는 모든 정수(整數)를 하나의 문자 n 으로 나타내는 일이 있다. 그와 마찬가지로 앞에서 설명한

(*) $\omega_0, \omega_1, \omega_2, \cdots\cdots, \omega_n\cdots\cdots$

은 A와 B의 모든 나타나는 방식을 대표하여 나타낸 것이다.

그래서 원래로 되돌아가서 결정론적인 역학계

$x_{n+1} = \varphi(x_n)$

의 하나의 궤도, 초기값 x_0에서 출발한 궤도

(△) $x_0, x_1, x_2, \cdots\cdots, x_n\cdots\cdots$

을 더듬어 보자. 앞에서 설명한 것과 같이 구간 [0, 1], 즉 0과 1로

둘러싸인 실수의 집합 전부는 2개의 집합 A와 B로 나눠진다($\frac{1}{2}$
은 양쪽에 공통). 따라서 (△)의 궤도의 점은 어쨌든 A 또는 B에
속해 있다. $\frac{1}{2}$만은 그 양쪽에 속해 있다.

즉, $x_0 \in A$, $x_1 \in A$, $x_2 \in B$ ……

따라서, 그림 16의 궤도 x_0, x_1, x_2, ……에 대해서 A와 B의 기
호열

A, A, B, ……

가 대응한다. 우연히 x_n가 $\frac{1}{2}$이 되었을 때는 A든 B든 어느 쪽이
든 좋으니 대응시킨다고 하면, 언제라도 궤도 (△)에 대해서 A
또는 B로 되는 기호열과 어느 쪽인가가 대응한다. 즉 앞에서 (*)
로 나타낸 것의 실례가 대응한다. 여기까지는 아주 당연한 일이다.
φ와 ψ에 대해서 예를 들어 둔다. 그림 17, 18, 19가 그것이다.

놀라운 일은 이 역이 성립한다!

즉 지금의 것은 (△)라는 궤도를 주면 (*)로 나타낼 수 있는
1개의 A 또는 B라는 기호를 무한히 연결한 기호열이 적어도 하나
대응한다. 그 역이란 어떤 것인가?

역이란 다음과 같다. (*)에 속하는 A, B의 무한기호열을 아주
멋대로 취한다. 예를 들면 주사위를 던져서 1, 3, 5가 나오면 A라
하고, 2, 4, 6이 나오면 B라고 해도 된다. 물론 주사위는 무한회
던지게 되므로, 그것으로도 좋고, 더 간단하게는 100원짜리 동전을
무한히 던져서 앞이 나오면 A, 뒤가 나오면 B라고 하여 이 무한
시행을 해도 된다. 어떤 방법이라도 좋으므로 (*)로 나타낼 수 있
는 기호열을 취하면 된다. 그렇게 해서 얻어진 1개의 기호열을(확
실하게 하기 위해서 다시 한번 말하면 ω_i는 A 또는 B로서)

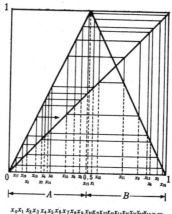

$x_0 x_1\ x_2 x_3\ x_4 x_5 x_6\ x_7 x_8 x_9\ x_{10} x_{11} x_{12} x_{13} x_{14} x_{15} x_{16} x_{17} x_{18} \cdots$

A B B A A A B A A B A B B B A A B A A ·······

그림 17

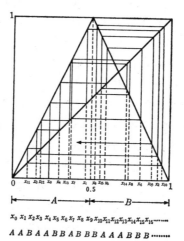

$x_0\ x_1\ x_2 x_3\ x_4\ x_5\ x_6\ x_7\ x_8\ x_9\ x_{10} x_{11} x_{12} x_{13} x_{14} x_{15} x_{16} \cdots$

A A B A A B B B A B B B A A A B B B ········

그림 18

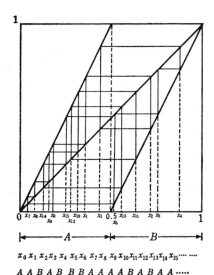

$$x_0\ x_1\ x_2 x_3\ x_4\ x_5\ x_6\ x_7\ x_8\ x_9\ x_{10} x_{11} x_{12} x_{13} x_{14}\ x_{15} \cdots \cdots$$

$$A\ A\ B\ A\ B\ B\ B\ A\ A\ A\ A\ B\ A\ B\ A\ A \cdots\cdots$$

그림 19

(＊) $\omega_0,\ \omega_1,\ \omega_2,\ \omega_3,\ \cdots\cdots,\ \omega_n,\ \cdots\cdots$

라고 하면 앞의 것과 꼭 역

(△) $x_0,\ x_1,\ x_2,\ x_3,\ \cdots\cdots,\ x_n,\ \cdots\cdots$

이라는 이산역학계, $x_{n+1}=\varphi(x_n)$의 궤적이 있어서, 모든 n에 대하여 $x_n{\in}\omega_n$(모든 n에 대하여 x_n은 주어진 ω_n에 들어 있다)가 잘 성립된다!

좀더 상세히 설명하면 (△) $x_0,\ x_1,\ x_2,\ \cdots\cdots$는 결정론적인 역학계이며, 모든 n에 대하여 x_n에서 x_{n+1}을 만드는 방법, $x_{n+1}=\varphi(x_n)$은 결정되어 있으므로 결국 초기값 x_0만이 결정되면 다음은

모든 x_n이 결정된다. 따라서 지금 설명한 것은 (＊)을 임의로 주면

$$x_n \in \omega_n$$

이 모든 n에 대하여 성립하는 것같이 $\dot{x}_0$ 하나를 잘 취할 수 있다.

그런 일이 될 수 있는가. 만약 될 수 있다면 이상하다고 생각하는 사람도 있을지 모르겠다. 왜냐하면 (＊)는 전적으로 임의였으므로 비결정론적인 법칙이며 이산역학계

$$x_{n+1} = \varphi(x_n)$$

은 결정론적인 것이었으므로 양자가 그런 관계로 결부될 리 없다고 생각하는 사람도 있을 것이다. 그런데 사실이 그렇고 거짓말이 아닌 것을 다음에 보이겠다.

(4) 왜 그렇게 되는가?

왜 그렇게 되는가를 보이기 위해서는 증명해야 한다. 그것을 해보이겠다. 방침을 설명하면, 이 증명에는 귀류법과 귀납법의 양쪽을 사용하는 것이 난점인데, 해보기로 한다. 복습해 보면, 귀류법은 지금부터 증명하려고 하는 것을 부정하면 논리적으로 이상한 일이 일어난다는 것을 보여서 증명하는 간접증명법의 하나이다.

예를 들면 $\sqrt{2}$ 가 유리수가 아니라는 증명은 귀류법으로 한다.

$$\sqrt{2} = \frac{a}{b}(a,\ b \text{는 정수로 서로소})$$
$$2b^2 = a^2$$

a^2는 짝수 → a는 짝수 → b^2는 짝수 → b도 짝수, a, b가 서로소라는

것에 모순. 그러므로 $\sqrt{2}$ 는 유리수가 아니다.

　귀납법은 어떤 일을 모든 자연수 n에 대해서 보이려고 한 경우, 다음 두 가지 것

　(i) n이 1인 때, 그것을 증명할 수 있다.

　(ii) n인 때 올바르다고 가정하면 $n+1$인 때도 올바르다.

를 보이면 모든 n에 대해서 증명된 것이 된다고 한다. 이것도 또한 간접증명의 일종이다. 이 두 가지 방법을 병용하여 증명한다.

　전체의 증명은 귀류법으로 한다.

　다시 증명해야 할 명제를 적으면

「모든 자연수 n에 대하여

　$x_n \in \omega_n$이 되도록 초기값 x_n을 취할 수 있다.」

이러한 명제가 성립하지 않는다고 하자.

　지금의 명제의 역은

　　어떤 x_0을 취하여도 반드시 어떤 자연수 n에서는 $x_n = \varphi^n(x_0)$
　　$\in \omega_n$이 되어 있다〔여기에서 $\varphi^n(x_0)$는 φ의 n 회 합성

　　$\varphi(\underbrace{\varphi(\varphi(\cdots\cdots (x_0)))}_{n\,회}$이다〕.

　그렇다고 하면 어떤 x_0을 취해도 어떤 번호 $n(x_0)$가 있고 $n(x_0)$보다 작은 n에 대해서는

　$x_n = \varphi^n(x_0) \in \omega_n$ 　　$(0 \leq n < n(x_0))$

가 성립되고 처음으로 번호 $n(x_0)$에서는

　$x_{n(x_0)} \not\in \omega_{n(x_0)}$

가 된다. 이러한 $n(x_0)$가 초기값 x_0의 함수로서 있을 것이다. 이 마지막 식은 $x_{n(x_0)}$가 $\frac{1}{2}$과 같지 않다는 것도 의미한다(왜냐하면 은 A에도 B에도 속해 있었으므로).

그래서 다음 두 가지 것을 보이면 모순으로 유도할 수 있다.

1° 이 $n(x_0)$은 x_0의 함수로서 x_0이 변했을 때, 얼마든지 커지는 일은 없다.

어떤 N이 존재하여

$$n(x_0) \leq N$$

이 모든 x_0에 대하여 성립한다.

2° 임의의 n에 대하여 (*) 대신에 유한의 열

$$(*)°\ \omega_0,\ \omega_1,\ \omega_2,\ \cdots\cdots,\ \omega_n$$

이것에 대해서는 n보다 작거나, 또는 같은 i에 대해서 $x_i = \varphi^i(x_0) \in \omega_i (0 \leq i \leq n)$가 성립하는 x_0가 존재하는 것.

이 두 가지는 서로 모순되고 있다. 2°에서 모든 n에 대해서 존재를 보인 x_0에 대하여, 지금 n은 N보다 크다고 가정하면, 2°에 의해서

$$\varphi^i(x_0) \in \omega_i \qquad (0 \leq i \leq n)$$

특히 i를 $n(x_0)$으로 잡으면 $\varphi^{n(x_0)} \not\in \omega_{n(x_0)}$가 되어 처음의 $n(x_0)$의 정의에 위배된다.

1° 쪽의 증명은 조금 어렵기 때문에 이 장의 끝에서 보충하기로 한다. 2°쪽의 증명은 어쨌든 n을 하나 정하여 생각하면 되므로(ω_i 의 유한열) 비교적 직관적이다.

2°를 증명해보자. n이 0인 때는 전혀 문제가 없다. 왜냐하면 증

명해야 할 것은 단지 x_0을 잘 잡고

$x_0 \in \omega_0$

으로 한다는 단지 그것뿐이기 때문이다. 이것은 x_0을 ω_0은 A나 B이므로 각각 ω_0이 A이면 A내에, ω_0이 B이면 B내에 잡으면 된다. 다음에 n이 1인 때도 간단하다.

$x_0 \in \omega_0, \ x_1 = \varphi(x_0) \in \omega_1$

이 되도록 x_0을 잡으면 된다. 그러기 위해서는, 예를 들면 ω_0이 A, ω_1이 B인 때를 생각하면 그림 20을 보면 알 수 있는 것같이 x_1이 B에 들어가기 위해서는 x_0은 $\frac{1}{4}$과 $\frac{3}{4}$ 사이에 있어야 하고, 동시에 x_0이 A에 들어가 있다는 요청은 결국 x_0을 $\frac{1}{4}$에서 $\frac{1}{2}$ 사이의 구간의 1점을 취함으로써 만족된다.

물론 이것은 한 예이며, 그 밖에 ω_0, ω_1과 B와 A, A와 A, 또한 B와 B로 각각 되어 있는 경우를 생각해야 하는데 이것들도 마찬가지로 될 수 있다는 것은 거의 분명하다.

이렇게 차례차례 증명해 갈 수 있는데, n이 늘어남에 따라서 경우의 수가 갑자기 늘어난다. 따라서 이 방법으로 증명하는 것은 어렵게 된다.

그래서 등장하는 방법이 앞에서 설명한 수학적 귀납법이다. 우리는 그 방법의 제1단계를 이미 마쳤다. 즉 n이 0인 때, 또는 n이 1인 때이며, 그것에 대해서는 명제 2°가 올바르다는 것을 증명하였다. 따라서 남는 것은 제2단계뿐이다.

그래서 n의 경우에 2°가 올바르다고 하자.

어떤 x_0에 대해서는

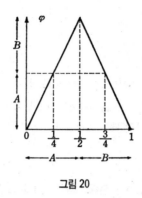

그림 20

$$x_0 \in \omega_0, \quad \varphi(x_0) \in \omega_1, \quad \cdots\cdots, \quad \varphi^n(x_0) \in \omega_n$$

이 성립한다고 가정한다. 이 경우, 앞에 주어진 ω_0, ω_1, $\cdots\cdots$, ω_n 은 제멋대로인 것이라도 되었던 것에 주의하여 다음에 $n+1$의 경우에 다시 임의로 주어진

$$(*)' \quad \omega_0, \ \omega_1, \ \omega_2, \ \cdots\cdots, \ \omega_n, \ \omega_{n+1}$$

에 대하여 어떤 ξ_0가 존재하여

$$\xi_0 = \omega_0, \quad \varphi(\xi_0) \in \omega_1, \quad \cdots\cdots, \quad \varphi^{n+1}(\xi_0) \in \omega_{n+1}$$

이 증명되면 된다. 그런 ξ_0이 있으면 된다. 그것이 되기만 하면 모든 증명이 끝난다. 그것은 간단히 보일 수 있다.

지금 주어진 $(*)'$에서 ω_0 이외를 잡고

$$\omega_1, \ \omega_2, \ \cdots\cdots, \ \omega_{n+1}$$

의 n개의 기호열을 앞의 n의 경우의 n개로 이루어지는 기호열을

보자. 가정에 의하여 x_0이 존재하여

$$x_0 \in \omega_1, \ x_1 = \varphi(x_0) \in \omega_2, \ \cdots\cdots, \ x_n = \varphi^n(x_0) \in \omega_n$$

가 된다.

여기서 ω_1은 A 또는 B이다. ω_0도 A 또는 B이므로, 따라서 ω_0이 A인 경우를 생각하면

$$\varphi(\xi_0) = x_0$$

인 ξ_0이 A 속에 존재하면 그것을 취하여

$$
\begin{array}{cccc}
x_0 & x_1 \cdots\cdots & & x_n \\
\| & \| & & \| \\
\xi_0 & \xi_1 \ \xi_2 \cdots\cdots & & \xi_{n+1}
\end{array}
$$

를 만들면, 이것은 앞의 요청

$$\xi_i \in \omega_i$$

가 모든 $n+1$까지의 i에 대해서 볼 수 있다.

그런데

$$\varphi(\xi_0) = x_0$$

가 되는 ξ_0은 반드시 존재한다. 왜냐하면 φ의 성질로서

$$\varphi(A) = A \cup B = [0, \ 1]$$

이었으므로 어떤 x_0에 대해서도 ξ_0가 A 속에 반드시 있다. 지금은 ω_0가 A의 경우였는데, B 때에도

$$\varphi(B)=A\cup B =[0, 1]$$

이었으므로 그 경우도 올바르다.

끝으로 남겨둔 1°의 증명을 참을성 있는 독자를 위해서 해보겠다. 이것도 귀류법이다.

1°의 증명

$n(x_0)$은 x_0이 변화하였을 때, 자꾸 커지는 것이 있다고 한다. 이것은 초기값의 열 x_0^1, x_0^2, ……이 있어서 그것에 대해서는

$$n(x_0^1) < n(x_0^2) < \cdots\cdots$$

가 되어 이 $n(x_0^i)$는 i를 크게 잡으면 얼마든지 커지는 것이다.

한편, x_0^i는 모두 A 또는 B, 바꿔 말하면 [0, 1]의 구간내에 있으므로 열 $\{x_0^i\}$ 중에서 부분열을 꺼내면 [0, 1]내의 1점 ξ_0에 수렴된다. 즉 (그 부분열을 다시 x_0^i와 곱하면)

$$\lim_{i\to+\infty} x_0^i=\xi_0$$

이 된다. 그런데 앞에서 설명한 $n(x_0^i)$의 성질은 식으로 곱하면

$$\lim_{i\to+\infty} n(x_0^i)=+\infty$$

1°의 가정에 의하여 $n(\xi_0)$도 유한으로 존재하므로 $n(\xi_0)$은 그 정의로부터

$\xi_0 \in \omega_0$, $\varphi(\xi_0) \in \omega_1$, ……, $\varphi^{n(\xi_0)}(\xi_0) \in \omega_{n(\xi_0)}$ (처음으로 이렇게 된다)

여기서 앞에서 설명한 주의로부터 $\varphi^{n(\xi_0)}(\xi_0) \neq \dfrac{1}{2}$이다.

그래서 $\left| \dfrac{1}{2}-\varphi^{n(\xi_0)}(\xi_0) \right| =\varepsilon$라고 놓으면 $\varepsilon>0$, 여기서 i를 충분

제1장 비선형이란 무엇인가 *39*

히 크게 잡고 다음 두 가지를 만족하게 된다.

$$n(x_0{}^i) > n(\xi_0)$$

또한 $|\varphi^{n(\xi_0)}(x_0{}^i) - \varphi^{n(\xi_0)}(\xi_0)| < \dfrac{\varepsilon}{2}$

먼저 쪽은 $n(x_0{}^i)$ 증가라는 것에서, 나중 쪽은 $\varphi^{n(\xi_0)}(x)$ 라는 함수가 연속인 것에서 쉽다. 그래서 $n(x_0)$ 의 정의에 되돌아가면 모순이 된다.

$$\varphi^{n(\xi_0)}(x_0{}^i) = \omega_{n(\xi_0)}$$
$$\varphi^{n(\xi_0)}(\xi_0) \lneqq \omega_{n(\xi_0)}$$

$\omega_{n(\xi_0)}$ 는 A 또는 B 이므로

$\omega_{n(\xi_0)}$ 가 A 의 경우의 그림이므로 B 인 때도 같다(1°의 증명은 여기에서 끝).

그것으로 증명하려고 하는 것은 전부 끝났다. 다소 복잡하였지만 성과는 있었다. 결과가 뜻밖의 것이었으므로 그 증명에 시간이 걸렸다. 하나는 수학자란 이런 일을 하고 있다고 독자들에게 수학자의 활동 일단을 소개하고 싶었던 마음도 있었다.

이 증명은 같은 일을 역학계

$$x_{n+1} = \varphi(x_n)$$

에 대해서 보여주는 것에는 사용하지 않는다(왜냐하면 2°의 증명에 $\varphi(x)$ 의 연속성을 사용하였으므로). 그러나 결과는 올바르고, 그 증명은 0에서 1까지의 수의 2진법 표시를 사용하면 더욱 간단하다. 다만 그것을 쓰면 너무도 수학자의 전문적인 느낌이 나게 되므로 여기서는 적지 않는다. 가급적이면 주변에 있는 수학자에 물어

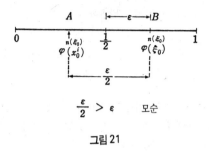

$$\frac{\varepsilon}{2} > \varepsilon \qquad 모순$$

그림 21

보기 바란다.

어쨌든 φ이든 ψ이든 앞절에서 설명한 파이반죽 문제를 나타내고 있으므로 파이를 반죽하여 스파이스가 잘 섞여져서 전체에 퍼지는 것을 수학적으로도 가까스로 보일 수 있었다.

지금 φ에서 설명한 증명법은 함수 φ를 다음과 같은 그래프를 가진 함수로 바꿔서 적용해도 올바르다. 증명에는 연속적인 그래프가 $\frac{1}{2}$이고 위의 변까지 도달한 것만 사용하였다.

$\varphi(x)$의 그래프는

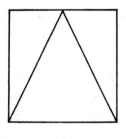

그림 22

이었는데, 이것은 가령

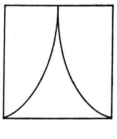

그림 23

또는

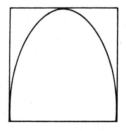

그림 24

라도 된다. 특히 끝의 것은 식을 곱하여

$$x_{n+1} = 4x_n(1-x_n)$$

로 곱한다. 이 경우는 이산역학계는 하나만의 식 $4x(1-x)$로 곱하고 있다.

이러한 식은 실은 생물 개체의 증식에 의한 증가방식을 보여주는 것이다. 제2장의 끝에서 카오스의 역사로 거슬러올라가기 위해서 생물의 개체군 연구의 역사를 되돌아 보겠다. 이것을 다음 장에서 설명한다.

제2장

개체군 생태학에서의 비선형과 카오스의 발견

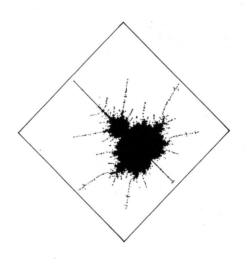

(1) 인구론의 시초

인구론에서는 어떤 의미에서 오래전부터 비선형이 문제가 되어 있었던 것을 설명해 두고 싶다. 그러기 위해서 인구가 문제로 되었던 역사를 되돌아 보자.

그라운트의 연구

과학적인 인구론의 발상이라고 해도 되는데, 세상에 알려진 인구론에 대한 최초의 출판은 존 그라운트의『사망표에 의거한 자연적, 정치적 관찰』(1662년)이라고 생각한다.

이 시대에는 이미 1주일마다의 사망자수는 교회마다 표로 만들어 기록하고 있었다. 이것을 런던 시 전역에서 집계하여 발표함으로써 페스트의 유행을 예언하려고 한 것 같다. 사망만이 아니고 출생에 대해서도 교회에 기록이 있었으므로 그라운트는 연구하였다.

그는 이미 이 시기에 런던 시의 인구증가에 대해서 추정하였다고 한다. 즉 인구의 얼마만큼의 사람이 아이를 만들 수 있는가 하는 추정과 그 출생률을 추정하고 나서 이 예상을 세웠다. 그의 결론은 64년마다 2배가 된다는 것이었다. 이 예상은 그때까지의 경험적으로 2배가 되는 기간, 56년과 비교적 잘 맞았다.

또한 그라운트는 이 계산을 이용하여, 만일 아담과 이브의 시대(이것은 당시 기원전 3948년이라고 생각되고 있었다)로부터 그 시대까지 64년마다 배가 되었다고 하면, 그의 시대까지의 세계 인구는 당시 얻어졌던 것보다 훨씬 컸을 것이라고 한다.

잠시 시험삼아 계산해 보면, 그 수는 놀라운 것으로 1cm²에 1억이라는 무서운 숫자가 나온다. 이것은 불가능한 일이며 실제로도 그렇게 되지 않는다. 이것은 인구 증가가 언제나 일정 기간에 몇 배가 되는 것은 아니고 더 억제되어 있는(비선형) 것이라고 해도 될 것이다.

페티의 연구

그라운트의 후계자는 친구이고 또한 유명한 윌리엄 페티이다. 그의 저서 『정치산술에 관한 에세이』에서는 그라운트를 흉내내어 런던 시 인구에 관하여 하나의 추산을 시도하였다. 그에 의하면 지금 600명의 사람이 있었다고 하고, 그 중의 180명이 아이를 낳을 수 있는 15세에서 44세까지의 여성이라고 하고 이상적인 경우를 생각하기로 한다. 그녀들은 2년에 한 번 아기를 낳는다고 생각한다. 1년에는 90명의 아기가 태어난다. 병이나 유산 또는 불임증 등을 고려하여 태어나지 않는 경우를 15라고 생각하고 90에서 감하고, 다시 사망률을 고려하여 15를 빼면 결국 60명이 증가한다. 이런 사실에서 그는 이 숫자는 원래의 600명의 1할이므로, 따라서 10년 지나면 2배라고 결론지었다(아무래도 그는 복리계산은 몰랐던 것 같다).

그의 이 추산은 인구가 가장 잘 늘어나는 경우의 증가 방식으로 제안하였다.

한편 페티는 실제의 인구 증가방식을 런던 시의 기록에서 평균적으로 계산하였다. 데이터는 과거 20년의 것을 특별히 선정하여 그것을 기초로 하여 평균적으로 계산하면 1606년에서 1682년까지는 대략 40년에 배증이 된다. 그리고 잉글랜드에서는 어떻게 되는가. 페티는 일단 360년으로 2배라는 수치를 내고, 다시 몇 가지 데이터로부터 실제로는 1200년에 2배가 될 것이라고 했다. 그리고 런던 시 인구의 최고를 500만 명이라고 설정하여 이것이 1800년에 달성된다고 예상하였다.

어쨌든 페티는 환경의 변화로 인구 증가율은 변동한다는 것을 잘 인식하고 있었다. 이것은 그라운트를 흉내낸 다음과 같은 추측을 보면 알게 된다. 노아의 홍수는 구약성서에 쓰여 있는데, 이것은 기원전 2700년이라고 생각된다. 이 홍수에서 살아남은 8명이 어떻게 늘어서 그 당시 세계 총인구라고 생각되던 3억 200만에 이르렀는가에 대해서 생각하였다.

이 수에 이르기 위해서는 100회에서 150회의 증배가 일어나야 한다고 생각하였다. 이 증가방식은 페티에 대하여 처음에 설명한 최고의 증가방식, 10년에 한 번 늘어난다는 증가방식과 잉글랜드의 인구에 대하여 추정한 360년 또는 1200년에 한 번 배증한다는 완만한 증가방식의, 대략 중간의 증가방식으로 되어 있다. 그래서 페티는 다음과 같이 생각하였다. 아마 노아의 홍수가 있은 직후, 이 8명의 사람들에게 자손이 늘어나는 증가방식은 처음에 본 10년에 2회 배증한 최고의 증가방식이며, 그 급격한 증가가 점차 가라앉아서 아주 완만한(예를 들면 잉글랜드의 증가방식 정도의 증가방식) 증가방식으로 변화하여, 당시의 세계인구가 3억 200만에 도달하였다는 생각이다. 그는 이것을 표로 만들어 보았다.

현대식으로 고쳐쓰면 그림 25와 같이 된다.

어쨌든 페티는 인구가 늘어남에 따라서 증가율이 내려간다는 것을 알고 있었다.

그런데 18세기에는 많은 사람들이 주로 경제와 정치면에서 세계 인구를 논의하였는데, 그들에게는 정확한 인구조사 데이터가 없었기 때문에 인구 위기를 그다지 느끼지 못하는 논의가 있거나, 일반적으로는 인구는 토지 인구를 기르는 능력과 꼭 균형이 잡힌 것처럼 믿었던 것이 이 계몽시대의 특징이었다.

노아의 홍수 직후		8명
	10년	16
	20	32
	30	64
	40	128
10년마다 2배	50	256
	60	512
	70	1,024
	80	2,048
	90	4,096
	100	8,000 이상
20년마다 2배	120	16,000
	140	32,000
30년마다 2배	170	64,000
	200	128,000
40년	240	256,000
50년	290	512,000
60년	350	1,000,000 이상
70년	420	2,000,000
100년	520	4,000,000
190년	710	8,000,000
290년	1000	1,600만
400년	1400	3,200만
550년	1950	6,400만
750년	2700	12,800만 크리스트탄생
1000년	3700	25,600만
300~1200년	4000	32,000만

그림 25 인구증가에 대한 페티의 생각

인구가 늘면 인가증가율은 감소한다. 이 세기, 18세기의 토머스 로버트 맬서스의 『*An essay on the principle of population*』의 출판은 이 논쟁에 불을 붙이는 구실을 하였다.

잘 알려진 것과 같이 맬서스는 그의 선배 그라운트와 마찬가지로 인구의 지구적 증가에 대한 지식을 가지고 있었다. 맬서스의 경우에는 그라운트의 경우보다도 더 정확한 데이터가 있었다. 그것은 새로운 나라, 미국의 인구통계였다. 이 경우는 그 당시까지 거의 정확하게 25년마다 배가 되는 증가를 하고 있었다. 이런 사실로부터 그는 더욱 양호하고 아무런 제한도 인구증가에 가해지지 않을 때, 인구는 25년에 2배의 기세로 증가한다는 결론을 얻었다.

맬서스가 인구에 대해서는 이렇게 기하수열적으로 는다고 하고, 그것을 기르는 식량쪽은 산술적 수열〔일정한 공차(公差)만 는다〕로 증가한다고 주장하였다. 또 기하수열적 증가가 어차피 산술적 증가를 훨씬 웃돌고, 인류는 심각한 위기에 휩싸이게 된다고 앞에서 얘기한 논문에서 기술하여 큰 센세이션을 불러일으켰다.

그러나 18세기에는 지금 생각하여 기묘한 일인데, 인구와 식량자원 모두 무한히 늘어난다는 것을 대부분의 사람들이 의심하지 않았다. 맬서스의 경우에도 늘어나는 비율이 하나의 수에 접근한다고 생각했던 기색도 있다.

어쨌든 이 시대로부터 산아제한이 콘도르세 등의 언설과 더불어 큰 논쟁이 되었다. 따라서 맬서스라고 하면 산아제한론자라고 생각되고 있다.

인구 증가율이 인구가 늘어남과 더불어 감소한다는 것을 수식을 사용하여 설명하기 시작한 것은 1830년의 미카엘 토머스 새들러의 저작이며, 거기에서는 인구를 N 으로 하고 증가율을

$$\frac{dN}{dt}$$

라고 쓰면, 이 $\frac{dN}{dt}$는 N의 변화에 대하여 역으로 변화한다고 씌어 있다. 이것은 맬서스 이후 처음으로 확실한 '밀도의존'(인구밀도가 늘면 증가율은 준다)이라고 오늘날 생태학에서 말하는 인가증가율이 인구 자체에 의존한다는 것에 주목한 최초의 사람이다.

다음에 등장하는 것은 '평균인'의 개념을 만들어낸 케틀레다. 케틀레는 맬서스나 그 영향 밑의 사람들의 연구를 보고 증가율 $\frac{dN}{dt}$의 감소방식은 그 자체가 $\frac{dN}{dt}$의 제곱에 비례하여 감소한다는 가설을 세웠다. 이것은 유체 속을 큰 속도로 통과하는 물체에 대해서 일어나는 저항의 아날로지에서 온 것이다. 재미있는 것은 프랑스의 유명한 수학자 푸리에도 또한 거의 동시에(1835년) 같은 제안을 한 것이다.

오늘날에는 이 생각에 아무도 지지하지 않는다. 케틀레는 이 시대의 그의 젊은 친구인 베르하르스트에 홍미를 가지고 사귀고 있었다. 이 친구야말로 이 문제에 관하여 매우 근대적인 방법으로 답을 찾아냈다.

(2) 베르하르스트의 로지스틱

피에르 프랑수아 베르하르스트는 1807년 브뤼셀에서 태어났다. 겐트 대학을 졸업한 그가 맨처음 한 업적은 허셸의 『빛에 대한 교정(敎程)』을 프랑스어로 번역한 것이었다. 나중에 브뤼셀 박물관에서 케틀레의 가르침도 받았다.

처음 무렵 그는 확률론에 홍미를 가졌던 것 같고, 나라의 복권에 의한 국채상환 문제를 생각하였다. 어쨌든 이 무렵부터 인구론이나 경제에 흥미를 가졌다. 한때 역사책을 쓰기도 하였으나 1834년에는 자연과학으로 되돌아와 에콜밀리테이르에서 수학을 가르치고 교수가 되었다. 케틀레는 베르하르스트의 가장 주요한 업적은 1849년에 출판한 『타원함수론 교정』이라고 하였다. 그는 1849년 결핵으로 죽었다.

문제가 되는 인구론에 대한 베르하르스트의 견해인데, 1838년 「*Notice sur la loi que la population suit dans son accroissement*」 가 그 제1논문이며, 그 후 1845년과 1847년에 더 상세한 수학적인 논문을 발표하였다. 이 제1논문에서는 생물학적인 몇 가지 가설을 만족하도록 증가율

$$\frac{dN}{dt} = f(N)$$

이 인구 N의 함수가 된다고 생각하고 $f(N)$의 형태를 그 가설을 만족하는 가장 간단한 식으로

$$f(N) = rN \frac{(K-N)}{K} \qquad (N의 \ 2차식)$$

로 주어진다고 하고 있다.

이 업적이야말로 나중에 설명하는 인구는 아니지만, 몇 가지 실험실 중에서의 곤충 증식의 상태를 올바르게 반영한 식이며 로지스틱 방정식이라고 하는 것이다.

이 연구나 나중의 실험에서의 검증에 대해서 설명하기 전에 이 연구에 대한 당시의 세상 반향에 대하여 언급하기로 한다. 그의 연구는 당시에 거의 인정되지 않았고, 케틀레는 그의 죽음에 즈음하여 사망고시(死亡告示)에 그의 업적으로서 『타원함수론 교정』이나 그 밖의 파생적이고 하찮은 순수수학의 연구업적에 대해서 언급하였을 뿐으로 로지스틱에 대하여서는 언급하지 않았을 정도였다. 더

욱이 로지스틱 이외의 업적은 모두 파생적이고 2차적인 수학작품이어서 오늘날에도 의의를 가진 것은 어느 하나도 없다.

확실히 로지스틱은 수학으로서는 간단한데, 그 의의를 인정하는 사람은 없었다. 그것은 하나로는 앞에서 얘기한 케틀레가 자기의 유체역학 모델을 여전히 믿고 있고, 당시 유명한 푸리에조차 그 가설에 만족하였기 때문일 것이다. 그러나 로지스틱의 식은 그 후 실제로는 무의식중에 몇 사람의 학자에 의해서 연구에 사용되었다.

해친슨의 책에 재미있게 빈정거리는 대목이 있다. 브레일퍼드 로버트슨은 어떤 종의 생물기관의 자기촉매적인 성장을 기술하는 데에 이 베르하르스트의 방정식을 베르하르스트의 발견을 모르고 사용하였다. 더욱이 이 방정식이 실제로 올바르다는 것을 보이기 위해서 사용한 데이터는 케틀레의 데이터였다. 이것이 1909년, 즉 케틀레의 데이터는 그의 마음과는 정반대로 베르하르스트의 방정식을 인정하는 데에 사용되었다. 그 후 이 방정식은 1911년에는 매켄트릭과 케사바 파이에 의하여 한정된 매질 중에서의 세균의 증식실험 기술이나 카르슨에 의한 1913년의 효모균의 증식실험에 사용되었는데 어느 것이나 베르하르스트의 이름이 붙여지지 않았다.

결국 그의 이름이 세상에 나온 것은 1920년 퍌과 리드가 미국의 인구증가에 대해서 논문을 썼을 때, 이 베르하르스트의 로지스틱 방정식을 사용하였고, 그 1년 후 이 방정식은 이미 1838년에 베르하르스트가 발견한 것임을 인정하였을 때이다.

그러나 인구론 방정식으로서는 고작 20년밖에 이 방정식의 예견성을 유지하지 못했다는 것은 그림 26에서 분명하다. 즉 1700년에서 1940년까지는 훌륭히 식에 의한 값과 데이터가 일치하는데, 그 뒤는 뜻밖의 급증이 일어나서 식의 값과 그래프는 어긋나 버린다.

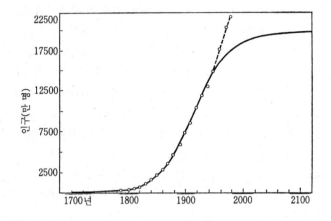

그림 26 미국의 인구증가 예측(팔과 리드에 의함)

이렇게 하여 로지스틱은 인구 예견의 방정식으로서는 그 가치가 줄었지만, 실험실에서 사육되는 생물의 증식 모델로서는 수많은 예에서 이 시기 이후에 확인된다.

먼저 설명해 두어야 했을 로지스틱식의 도출인데, 이것은 앨프레드 로토카의 유명한 책 『*Elements of Mathematical Biology*』 (1924년)의 개정판을 참고로 설명한다.

먼저 수학과 생물학을 결부시키는 가정으로서 인구 또는 개체수는 본래 불연속한 정수값이지만, 그것이 연속된 값을 취한다고 생각하는 것, 이것을 수학적 기술을 위한 관습, convention of conti-nuity라고 하고 동시에 시간도 연속적으로 흐르므로 시간 t의 함수로서 연속되는 것으로 생각하기로 한다.

이것에서부터 수학적으로는 뉴턴의 생각을 흉내내어

$$\frac{dN}{dt}$$

라는 미계수를 생각해도 된다고 하자.

순간적인 증가율이라는 것을 생각할 수 있는가 어떤가, 즉

$$\frac{dN}{dt} = \lim_{h \to 0} \frac{N(t+h) - N(t)}{h}$$

라는 미분계수가 생물학적으로 의미가 있는가 어떤가에 대해서는 다음과 같이 생각한다. 즉 $N(t+h) - N(t)$는 시각 t에서 $t+h$까 지에 태어난 $N(t)$에 대한 새끼의 수라고 생각할 수 있으므로

$$\frac{N(t+h) - N(t)}{h}$$

는 증가율이다. 여기까지는 생물학적 의미를 부여하기 쉽다.

그러나 여기서 h를 0에 가깝게 하여 극한을 취하는 해석은 어렵다. 특히 생물이 어느 시기에 일제히 알을 낳고 새끼가 태어나는 경우, 다시 그러한 시기가 일정한 시간간격 H로 일어나고 있는 경우에는 전혀 의미가 없다. 그래서 그렇지 않는 경우, 예를 들면 개체에 따라서 새끼를 낳는 시각이 달라, 일제히 개체군을 관찰하면 언제라도 어떤 t에서도 몇 개의 개체가 새끼를 낳고 있다고 생각하면 앞의 $\frac{dN}{dt}$도 의미를 갖는다고 생각할 수 있다.

따라서 생물학적 가정은 그 개체군의 각 개체가 일정한 시각에 일제히 알을 낳는 것이 아니라는 가정을 만족시키는 것으로서 로지스틱을 생각하기로 한다.

제3의 가정은 무에서 유는 생기지 않는다는 가정으로서 개체군이 늘어나기 위해서는 적어도 한 마리의 암컷, 또는 한 쌍의 개체가 필요하다는 가정이다. 이것에서

$$\frac{dN}{dt} = F(N)\text{이면} \quad F(0)=0$$

이 $F(N)$에 대한 조건으로 나온다. 수학적으로 항등적(恒等的)으로 0인 함수가 미분방정식

$$\frac{dN}{dt} = F(N)$$

의 해라는 것을 보여준다.

제4의 가정은 18세기에는 아직 의식(인구에 대해서는)되지 않았다. 인구 증가는 언젠가는 상한에 이른다는 생물학적 가정이다. 그 상한을 K라고 하자.

그러면 $F(N)$을 테일러 급수로 전개하였을 때

$$F(N)=aN+bN^2+\cdots\cdots$$

로서 적어도 제2항까지는 있어야 한다. 만일 제1항뿐이라면 a가 양인 때, 맬서스의 설이 되어 지수함수로 시간 t와 더불어 증가한다(이것은 기하수열이기도 하다). a가 음일 때는 지수함수적으로 0이 되어 이것도 마땅치 않다. 그래서 가장 간단한 것으로, 또한 지금까지의 가정을 만족하는 것을 구하면 2차까지에서 b가 음이 되면 된다. 물론 a는 양이다. 따라서

$$a/-b = K$$

라고 놓으면 방정식은 비선형 !이 된다.

$$\frac{dN}{dt} = aN\frac{(K-N)}{K}$$

가 되어 a를 r이라고 적기로 하면

$$\frac{dN}{dt} = rN\,\frac{(K-N)}{K}$$

이어서 이미 50쪽에서 설명한 베르하르스트의 로지스틱식이 나온다. 다음에 어떤 실험으로 확인되었는가를 설명한다.

(3) 로지스틱식의 실험에 의한 확인

팔과 리드가 베르하르스트의 로지스틱 방정식을 재발견하여 베르하르스트의 업적을 재인식한 이래, 이 방정식에 의하여 생물의 증식을 기술하여 실험 데이터와 맞추는 연구가 차례차례 나왔다. 그것을 설명하기 전에 일단 수학으로서의 이 방정식을 풀어서 해의 식을 구해 본다. 다시 한번 적으면 시각 t에 있어서 개체수를 $N(t)$라고 하면

$$\frac{dN}{dt} = rN\,\frac{(K-N)}{K}$$

이었다. 이 방정식은 N에 관하여 2차이고 바로 비선형이지만, 실은 해가 t의 초등적인 함수로 나타낼 수 있다. 보통의 미분방정식의 교과서(예를 들면 朝倉書店 간행, 楠幸男 지음 『應用常微分方程式』)에 실려 있는 변수분리법이 적용된다. 그 방법에 의하면 먼저 양변에 각각 N만큼, 그리고 t만의 함수가 오도록 방정식을 고쳐쓴다.

$$\frac{K}{N(K-N)}\,dN = rdt$$

다음에 좌변의 식을 단순한 분수의 합으로 고쳐쓴다.

$$\frac{dN}{N} + \frac{dN}{K-N} = rdt$$

여기서 N은 개체수이고, K는 그 최대값이었으므로 다음 것이 성립한다.

$$N > 0, \quad N < K$$

이것을 고려에 넣고 적분 공식을 사용하면

$$\int \frac{dN}{N} + \int \frac{dN}{(K-N)} = \int r dt$$

는

$$\log N - \log(K-N) = rt + A$$

가 된다. 여기서 A는 적분상수라고 불리며 해를 하나 정할 때에 결정된다. 로그의 덧셈공식으로부터

$$\log \frac{N}{K-N} = rt + A$$

가 된다. 그래서 로그의 정의에 되돌아가면

$$\log X = Y \text{ 는 } X = e^Y$$

이므로

$$\frac{N}{K-N} = e^{rt+A}$$

가 되어

$$N = e^{rt+A}(K-N)$$

라고 적고 N에 대하여 풀면

$$(\triangle) \ N(t) = \frac{CKe^{rt}}{Ce^{rt}+1}, \ C = e^A$$

가 얻어지며 임의의 양인 c에 대해서 이것이 해이다. 그래서 t가 0인 때의 N의 값을 N_0이라고 하면 이것은 초기값이다.

$$N_0 = \frac{CK}{C+1}$$

이것을 다시 C로 풀면 C가 N_0로부터 결정된다.

$$C = \frac{N_0}{K-N_0}$$

이것을 (△)의 식에 대입하면 이것으로 초기값 문제의 해가 구해졌다.

$$N(t) = \frac{N_0 K e^t}{N_0 e^t + K - N_0}$$

확인하기 위해서 이 식에서 t를 0으로 해보면

$$N(0) = \frac{N_0 K}{N_0 + K - N_0} = N_0$$

이 된다. 다시 확인하기 위하여 미분법의 연습문제로서 이 $N(t)$를 t로 미분해 보면 된다.

이것으로 완전하게 로지스틱 방정식의 초기값 문제의 해답이 구해졌다. 이 해의 함수

$$N(t) = \frac{K N_0 e^t}{N_0 e^t + K - N_0}$$

의 그래프의 모양은 어떻게 되는가. 그것은 t가 0이고 N_0라는 값이며, 처음에는 천천히 다음에는 갑자기 증가하여 변곡점(變曲點)을 통과하여 완만한 곡선이 되기 시작하여 시간 t가 무한히 지나면 K라는 값에 접근한다. S자형 곡선으로 시그모이드라고 불리는 그림 27과 같은 모양이다.

로지스틱의 실험적 검증은 방정식의 유도방식이 간단했던 대신

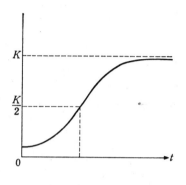

그림 27 로지스틱 방정식의 해

에 이러한 식이 나오는 전제가 되어 있는 생물학적 조건을 실험식에서 정비하는 것은 반드시 쉬운 일은 아니다. 먼저 탄생과 사멸은 끊임없이 하나의 패턴으로 일어나야 한다. 그러기 위해서는 이상적으로는 끊임없이 식량이라는 형태로서의 에너지공급을 계속하여 개체수 증가 방식의 항상성(恒常性)을 보장해야 한다.

하나하나의 개체에 대해서는 노화와 사망이 있고, 새로운 개체로 교체된다. 어쨌든 에너지에 대해서 열려 있는 생태계를 생각해야 한다.

처음에 주어진 유한 에너지만의 닫힌 계에서는 개체군은 증가하여 최대에 이르는데, 그것은 열린 계의 경우보다 훨씬 낮다. 그러나 그 후는 에너지의 결망에 의하여, 또 노폐물의 축적에 의하여 증식이 억제되어 자꾸 감소한다. 즉 로지스틱을 확인하기 위해서는 이러한 노폐물은 제거되고 식량이 보급되어 가는 계가 아니면 로지스틱의 확인도 불가능하다.

또하나의 주의는 생물학상의 데이터를 로지스틱의 곡선이라는

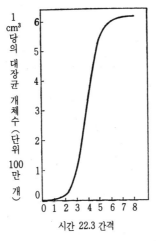

그림 28 37℃로 유지된 펩톤수프 중의 대장균의 증식

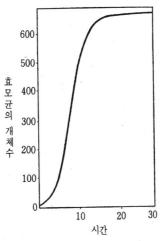

그림 29 칼슨에 의한 효모균의 성장. 이것이 로지스틱 곡선의 최초의 것.

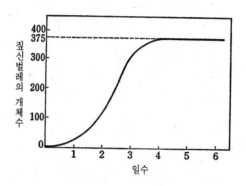

그림 30   짚신벌레의 증식곡선

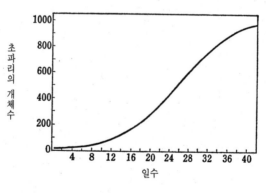

그림 31   초파리의 증식곡선

모델에 맞추어 해석하려고 하는데 1조의 데이터에 대해서 무수한 이러한 모델을 내세울 수 있어서 로지스틱이 유일한 모델인 것은 아니다.

그러나 이 모델이 실로 간단한 생물학적 의미를 가지고 있는 것이 연구상 유리하며, 이것을 기본으로 하여 또한 현상에 따라서는 수정을 해가려고 하기 때문이다(에베린 해치슨). 그래서 비교적 데이터와 잘 맞는 두세 개의 예를 들어 보겠다.

그림 28은 매켄트릭과 케사바 파이의 실험 데이터이며 37℃에서의 펩튼수프 중에서의 어떤 대장균의 성장을 보여주며 로지스틱한 곡선과 잘 일치한다.

(4) 우치다 씨의 연구

1941년 교토(京都)대학 농학부의 곤충학자 우치다(內田俊郎) 씨는 콩에 붙는 콩바구미의 증식에 대하여 관찰하였다. 지름 5cm쯤의 유리그릇 속에서 콩과 함께 몇 마리의 수컷, 암컷의 쌍으로 된 콩바구미를 넣어 두면 산란하여 개체수는 자꾸 늘어난다. 그 모양은 그래프로 그리면 개념적으로는 그림 32와 같다. 이 그래프에서 점선은 알의 수, 실선은 성충의 개체수이다.

즉, 이 곤충은 온도 그 밖의 환경조건에도 따르지만 세대가 겹쳐지지 않는다. 인간의 경우에는 조부모, 부모와 3세대가 동거하지 않아도 동시에 존재하는데, 이 곤충에서는 그렇지 않고 어미는 알을 낳으면 20일쯤으로 죽어버리고, 알은 자연적으로 부화하여 유충이 되어 성장하여 성충이 된다. 그리고 이 사이클이 반복된다. 1세대는 대략 25일 정도로 25일마다 콩바구미 성충의 개체수를 계산하여 시간적 변화의 그래프를 그릴 수 있다. 우치다 씨는 팥바구미의 경

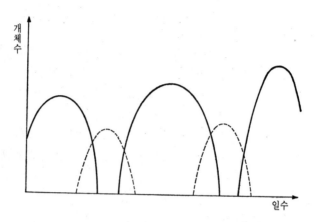

그림 32 콩바구미의 증식(점선은 알의 수, 실선은 성충의 개체수)

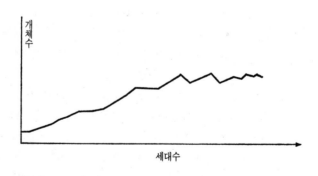

그림 33 팥바구미의 증식

우에 5세대 정도에서 10세대까지에 개체수의 진동이 일어나고 서서히 감쇠하는 것을 발견하였다. 이것은 로지스틱한 방정식에서는 일어나지 않았던 일이다.

그것은 지금에 와서 보면 참으로 당연한 일이어서 로지스틱한 방정식을 유도할 때에 실은 가정하고 있던 것, 즉 생각하고 있는 개체군은 항상 어느 시각에도 새끼를 낳고 있으며 어미와 새끼는 공존하고 있다는 가정을 만족하지 않는 예이기 때문이다. 실제의 그래프는 그림 33과 같이 되었다.

이렇게 그래프는 시간이 지나면(세대가 진행되면) 진동을 되풀이하여 간다. 즉, 앞에서 설명한 것과 같은 미분을 사용하는 것이 무리하기 때문이다. 어떻게 로지스틱식을 수정하면 이러한 개체수 증가방식을 법칙화할 수 있는가.

여기서는 먼저 우치다 교수의 해결안을 되돌아 보기로 한다. 그래서 다시 한번 55쪽에 있는 로지스틱 방정식의 정확한 해 모양을 생각해 보자. 해의 식은 57쪽에 있다.

(A) 로지스틱 방정식 : $\dfrac{dN}{dt} = r\,\dfrac{(K-N)}{K}\,N$

(A′) 그 해 ; $N(t) = \dfrac{K\,N_0\,e^{rt}}{N_0\,e^{rt} + K - N_0}$

이었다. 이 해는 아주 흥미있는 수학적인 성질을 가지고 있다. 그것은 우치다 교수와 같은 무렵의 교토 대학의 생태학자 모리시타(森下正明) 씨가 발견한 것인데, 임의의 시간간격 τ에 대해서 다음과 같은 차분방정식을 만족시키고 있다. 참을성 있는 독자는 A′로 확인하면 된다. N의 $n\tau$에서의 값, 즉 $N(n\tau)$을 N_n로 적기로 하면

$$\frac{N_{n+1}-N_n}{e^{r\tau}-1} = \frac{r}{K}\,(K-N_{n+1})N_n$$

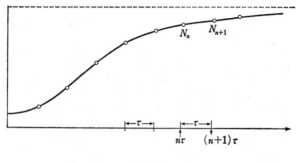

그림 34

좀더 알기 쉽게

$$N_{n+1} = \frac{[1+(e^{r}-1)r]N_n}{1+\dfrac{(e^{r}-1)r}{K}N_n}$$

다시 정리하면

(B) $N_{n+1} = \left(\dfrac{1}{b+cN_n}\right)N_n$

라고 적을 수 있다. 여기서 b와 c는

$$b = \frac{1}{1+(e^{r}-1)r}, \quad c = \frac{(e^{r}-1)r}{K\{1+(e^{r}-1)r\}}$$

아주 기묘한 것은 r라는 수가 양이면 어떤 수라도 로지스틱의 식 (A)의 해가 (B)를 만족하고 있는 것이며, 보통 미분방정식을 차분화하여 차분방정식을 만들었다고 해도 원래의 미분방정식의 해는 미분방정식을 정확하게 만족시키는 것은 기대할 수 없다. 반드시 오차가 뒤따른다. 또 그 오차는 구분폭 τ를 작게 하면 감소하는데, τ가 크면 미분방정식의 해와 차분방정식의 해는 전혀 관계없어지는 것을 나중에 보이겠지만 이 (B)는 (A)의 근사(?)로서는 τ 가 아무리 커도 오차 0이다.

이것을 그림으로 보인다(그림 34). 이 그림은 52쪽의 그래프와 꼭같은 것이고, 그리고 N_n은 꼭 가로좌표 $n\tau$ 있는 데에 실려 있다. 또한 구분폭 τ를 어떻게 잡아도 이 사실이 성립한다는 것은 놀라운 일이다.

따라서 이 식 (B)를 사용하여 62쪽에 보인 것 같은 진동을 포함하는 그래프를 설명하는 것은 불가능하다. 그래서 우치다 교수는 생물학적인 이유(이것은 수학자인 필자는 모른다)에 의하여 (B) 대신에 다음과 같은 차분방정식 (C)로 변경하였다(여기서 로지스틱 방정식과의 수학으로서의 관계는 끊어진다).

$$\text{(C)} \quad N_{n+1} = \left(\frac{1}{b_0 + c_0 N_n} - \sigma \right) N_n \qquad 0 < \sigma < 1$$

여기서 b_0, c_0는 다음 값이다.

$$b_0 = \frac{1}{1 + (e^{\Delta t} - 1)} \qquad c_0 = \frac{(e^{\Delta t} - 1)r}{K\{1 + (e^{\Delta t} - 1)r\}}$$

즉, 앞의 b, c에 τ로서 Δt를 대입한 값이며, σ는 새로운 양의 파라미터이다. (B)와 (C)는 얼마만큼 다른가?

새삼 (B)의 식을

$$N_{n+1} = B(N_n)$$

라고 쓰고 (C)의 식을

$$N_{n+1} = C(N_n)$$

라고 써서

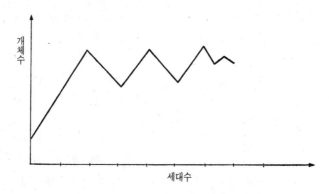

그림 35 네무늬 콩바구미의 증식

① $Y = B(X) = \left(\dfrac{1}{b + cX} \right) X$

② $Y = C(X) = \left(\dfrac{1}{b + cX} - \sigma \right) X$

의 그래프를 검토해 보면 그 차이를 확실히 알 수 있다. 예를 들면 ①을 X에 의하여 미분한 것을 생각하면, 그것은 언제나 음이 아니므로 $B(X)$가 X에 대해서 항상 단조증가이다. 한편 ②를 미분해서 보면 σ가 양이므로 X가 작을 때는 $C(X)$는 증가인데, X가 커지면 어떤 곳부터 미계수가 음이 되어 $C(X)$는 감소하기 시작하여 그 뒤는 언제나 감소이다. 즉 (B)의 그래프는 증가하는 그래프인데, (C)의 그래프는 산형이 된다. 이것은 본질적인 차이이다.

우치다 교수는 (C)의 차분방정식을 사용함으로써 자신의 실험 데이터의 그래프를 설명하였다. 1953년이다. 이 식 (C)는 상수 b_0, c_0, σ를 조절하여 취하면 정확한 2주기의 진동조차 낼 수 있다. 흥미있는 일은 우치다 교수의 다른 실험, 즉 콩바구미의 종류를 변경한 것, 처음의 61쪽에서 설명한 데이터는 팥바구미라는 종에 대한 실험이었는데, 콩바구미에 대한 실험에서는 그래프는 그림 35와 같이 되었다.

즉 대략 2주기가 된다. 즉 1세대마다 감소와 증가를 되풀이한다. 이러한 경우도 b_0, c_0, σ를 잘 잡아서 (C)식으로 정당화할 수 있다.

(5) 로버트 메이의 수치실험

우치다 교수는 이렇게 하여 자신의 실험 결과를 로지스틱의 식과 관계가 없는 차분방정식 (C)를 사용하여 설명하는 데 성공하였다. 이어 우치다 교수 외에도 니콜슨이라는 곤충학자도 콩바구미가 아닌 *Lucilia*라는 생물에 대하여 마찬가지 데이터(콩바구미의 경우와 같은 데이터)를 1954년에 얻었다. 이것도 우치다 교수의 식으로 설명할 수 있다.

그런데 1973년 물리학에서 수리생태학으로 전향한 로버트 메이는 이 문제를 이론적으로 재검토하였다. 이것은 아주 간단하다.

메이도 또한 로지스틱의 미분방정식에서부터 출발하였다. 다시 한번 방정식을 적어 보면

(A) $\dfrac{dN}{dt} = r\,\dfrac{(K-N)}{K}\,N$

이다. 이 방정식은 이미 55쪽에서 57쪽에 적은 것과 같이 그 해가 초등함수를 사용하여 적었으나, 만일 그렇게 하지 않고 (A)에 있어서 미분을 차분으로 고치기로 하면 (A)의 근사 차분방정식이 얻어진다. 이것은 (A)를 수치적으로 풀기 위한 매우 간단한 차분방정식으로 오일러의 차분법이라고 부른다. 그것을 만들어 보자.

Δt를 하나의 시간 구분폭으로 하여 미분계수를 차분몫으로 바꿔

놓는다. 즉 (A)에 있어서

$$\frac{dN}{dt} \text{ 를 } \quad \frac{N(t+\varDelta t)-N(t)}{\varDelta t}$$

바꿔 놓아 보자. 이것은 근사이다. 근사 차분방정식은 다음과 같이
된다.

$$(A') \quad \frac{N(t+\varDelta t)-N(t)}{\varDelta t} = r\,\frac{(K-N(t))}{K}N(t)$$

더 알기 쉽게 쓰면 $N(n\varDelta t)$를 N_n라고 쓰면

$$(A') \quad N_{n+1} = \left\{(1+\varDelta tr)-\frac{\varDelta tr}{K}N_n\right\}N_n$$

이다. 이것은 하나의 차분방정식이며, 또 이산역학계이다.

(A′)도 앞절에서 설명한 (B)도 (C)도 모두 로지스틱을 참고로
하여 얻어진 차분방정식인데, (B)만이 정확하게 (A)의 해에 의하
여 만족되는 차분방정식이며, (A′) (C)는 로지스틱 (A)의 해에 의
해서는 만족되지 않는다. 따라서 같은 N로 쓰지 않는 것이 좋을
지 모른다. 그러나 여기서는 굳이 같이 N으로 적고 해가 얼마나
다른가 조사하기로 한다.

이들 차분방정식 또는 이산역학계는 N_0를 정하면 $N_1 N_2$⋯⋯ 순
으로 N_n이 정해지면 N_{n+1}이 계산될 수 있는 형태가 되어 있으므
로 차례차례의 N_n의 값을 구하는 것은 용이하다. 특히 계산기(포
켓 컴퓨터라도 좋다)로 하면 쉽다. 그래서 1973년 $\varDelta t$의 값을 여러
가지로 변화시키면서 컴퓨터에 의한 수치실험을 시도하였다. 그 결
과는 1974년의 『사이언스』에 발표되었다. 그의 연구를 소개한다.

먼저 방정식 (A′)를 다음과 같이 다른 역학계로 변환한다. 새로
운 변수를 x_n이라고 하고 이것을 N_n로부터 정의한다.

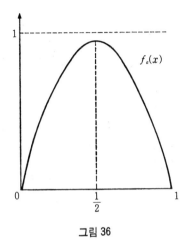

그림 36

$$\frac{r\Delta t N_n}{K(1+r\Delta t)} = x_n, \ (1+r\Delta t) = a$$

이렇게 하여 놓으면 (A′)는 x_n의 방정식으로서
(A′)의 양변에

$$\frac{r\Delta t}{K(1+r\Delta t)}$$

를 곱하여 변환식을 참고로 하여 고쳐쓰면

$$(\ast)\quad x_{n+1} = a(1-x_n)x_n$$

가 되어 훨씬 간단하다. 변환의 제2의 식으로부터 Δt나 r를 변환
시키는 것은 새로운 파라미터 a를 변화시키는 것에 대응한다.

따라서 a를 여러 가지로 변화시켜서 (*)라는 역학계의 궤도가
어떻게 변화하는가를 보면 된다. 이것이 메이의 수치실험이다. 그

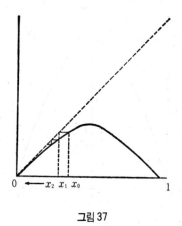

그림 37

결과는 매우 새로운 것이며 또한 흥미깊은 것이다. 왜 이런 것이 수학자에 의해서 발견되지 않았는가 하는 사정을 나중에 얘기한다. (＊)의 식을 다음과 같이 쓰면

$$\ast \quad x_{n+1} = f_a(x_n)$$

와 함수 $f_a(x)$는 그림 36의 포물선이다.

지금 파라미터 a의 값을 0에서 4까지 변화시키면 포물선의 꼭지점의 높이는 $\dfrac{a}{4}$이므로 꼭 a가 4인 때 높이 1이며 그때까지는 1보다 작다. 이것은 이산역학계

$$(\ast) \quad x_{n+1} = f_a(x_n)$$

에 있어서, 만일 x_n이 0과 1 사이에 있으면 x_{n+1}도 항상 0과 1 사이에 있다는 것을 의미한다. 바꿔 말하면, x_0로부터 차례차례로 x_n을 계산해 가면 결코 계산기가 오버플로하지 않는 것을 의미한다.

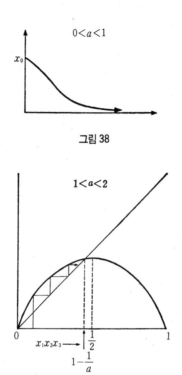

그림 38

그림 39

만일 (＊) 대신에 선형인 역학계, 예를 들면

$$x_{n+1} = 5x_n$$

등이며 계산기는 금방 오버플로한다.

a를 0에서 4까지 변화시켜서 (＊)의 궤도가 어떻게 변하는가 알아본다.

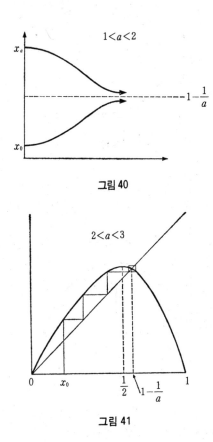

그림 40

그림 41

(i) a가 0과 1 사이의 값인 경우

이때 f_a의 그래프는 그림 37과 같이 된다.

x_0을 초기값이라고 할 때, 그림과 같이 $x_1 x_2 x_3 \cdots\cdots$은 단조감소가 되어 x_n은 n을 무한대로 하면 0으로 수렴한다.

이것은 x_0을 0과 1 사이의 어떤 점에 잡더라도 항상 x_n은 단조

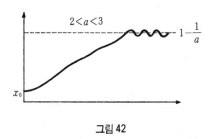

그림 42

로 0에 수렴한다. 궤도의 그래프는 그림 38이다.

(ii) a가 1에서 2까지의 사이(양단을 포함하는)에 있는 경우

f_a의 그래프는 그림 39와 같이 된다. 따라서 x_0은 0과 대각선의 교점 $1-\dfrac{1}{a}$ 에 수렴한다.

한편 $\left(1-\dfrac{1}{a}\right)$ 와 $\dfrac{1}{a}$ 사이에 x_0가 있는 경우에는 단조감소로 $1-\dfrac{1}{a}$ 에 수렴하여 x_0이 $\dfrac{1}{a}$에서 1 사이에 있는 경우는 x_0에서 x_1 을 계산하면 x_1이 a에서 $1-\dfrac{1}{a}$ 사이의 값이 되어 (i)의 경우 와 같이 되는 궤도의 그래프를 그리면(그림 40) 결국 x_0이 0과 1 사이의 어디에 있어도 x_n은 $1-\dfrac{1}{a}$에 수렴된다.

(iii) a가 2에서 3까지의 사이인 때

$f_a(x)$의 그래프는 그림 41과 같이 된다. 즉 그래프와 대각선의 교점, 부동점 $1-\dfrac{1}{a}$은 $\dfrac{1}{2}$보다 커지고 x_0을 0과 $1-\dfrac{1}{a}$ 사이에 잡 고 x_1, x_2, ……을 계산하면 x_n이 이 부동점에 가까워지면 이 부 동점의 값보다 커지거나 작아지는 것을 되풀이하면서 x_n은 부동점 에 가까워진다. (ii)의 경우와 같이 단조에 가까워지는 일은 없다. 궤도의 그래프는 그림 42가 된다. 즉 감쇠진동이 일어난다. x_0은 1

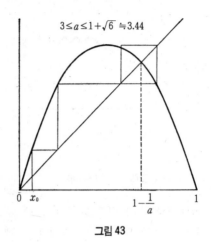

$3 \le a \le 1+\sqrt{6} \fallingdotseq 3.44$

$0 \quad x_0$

$1-\dfrac{1}{a}$

1

그림 43

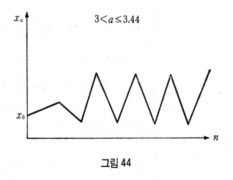

x_a

$3 < a \le 3.44$

x_0

n

그림 44

과 $1-\dfrac{1}{a}$ 사이인 경우도 마찬가지로 진동하면서 부동점에 수렴한다. 이것은 꼭 팥바구미에서의 우치다 씨의 실험에서 본 그래프이며, (A′)가 로지스틱의 차등화로 Δt가 그림 속의 부등식을 만족하는 것을 취하면 설명할 수 있다는 것을 보여 주고 있다.

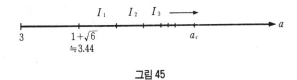

그림 45

(iv) a가 3보다 크고 $1+\sqrt{6}$ 보다 작은 값인 때

$f_a(x)$의 그래프는 그림 43과 같이 된다. 초기값 x_0에서 x_1, x_2, ……을 계산하면 어떤 번호 n_0로부터는 주기 2의 궤도가 된다. 궤도의 모양을 그리면 그림 44가 된다.

이렇게 0과 1 사이의 임의의 초기값 x_0에서 출발해도 모두 주기 2의 진동이 되어버린다. 이 경우에 부동점 $1-\dfrac{1}{a}$은 불안정하게 되어 궤도가 부동점에 가까워지는 일은 있을 수 없다. 이것은 우치다 씨의 연구에서는 콩바구미의 경우에 해당한다.

(v) a가 $1+\sqrt{6}$ 보다 큰 경우

a가 어떤 결정적인 값 a_c까지에는 그림 45에 보인 것같이 점점 폭이 좁아지는 구간 I_1, I_2, ……로 나눠진다. 그리고 I_1에서는 4주기, I_2에서는 $8=2^3$주기, I_3에서는 $16=2^4$주기, ……I_n($I_n=[a_n,\ a_{n+1}]$이라고 적자)에서는 2^{n+1}주기의 진동이 된다. a_c는 이들 구간 I_n이 수렴하는 a의 값이며 대략 3.57……이 a_c의 값이다.

여기까지에서 중요한 것은 이들 진동이 초기값 x_0를 잡는 방식에도 불구하고 일어난 일이다. 즉 0과 1 사이의 어떤 x_0을 잡아도 그것에서 (∗)로 정의되는 이산역학계의 궤도는, 예를 들면 a가 I_n에 있으면 2^{n+1}주기의 진동에 접근하여 그 이외의 거동을 하는 일은 없다. 예를 들면 3주기 따위는 절대로 나오지 않는다.

(vi) a의 값이 a_c를 넘어서 4까지인 경우

여기서는 (＊)라는 이산역학계의 궤도모양은 일변한다. 여기서는 x_0를 잡는 방식에 의존하여 모든 수의 주기를 갖는 궤도도 나타나는 동시에 어떤 주기도 갖지 않는 궤도도 나타난다. 또한 x_0을 조금이라도 바꾸면 매우 센시블하게 궤도 모양은 일변한다. 이것이 로버트 메이의 컴퓨터에 의한 실험에서 얻어진 것이다. 그는 이러한 궤도 모양을 매우 복잡한 궤도(very complicated orbit)의 상태라고 부르고 카오틱이라고 하였다.

독자는 제1장 (4)의 끝부분에서 배운 메이의 실험의 a가 4인 경우에 해당한다는 것을 상기하기 바란다.

여기서 지금까지 설명한 로버트 메이의 실험 결과를 정리해 본다. 그러기 위해서 파라미터 a가 0에서 4까지 변화할 때, (＊)의 해의 x_n이 n이 무한으로 커질 때의 거동이 어떻게 변하는가 하는 것을 다음의 분기 다이어그램을 그려본다. 분기 다이어그램이란 가로축에 a의 값을 잡고, 세로축에는 (＊)의 해의 x_n이 n이 무한으로 커졌을 때에 접근하는 값을 잡으려는 것이다.

먼저 a가 0에서 3까지는 문제가 없다. 왜냐하면 (i)에서 (iii)까지의 해의 n이 무한하게 커지는 모양은 모두 하나의 값에 수렴되었기 때문이다. 그 값은 (i)인 때 0, (ii)(iii)은 모두 부동점 $1 - \dfrac{1}{a}$이었다. a가 3에 이르고 나서는 먼저 2주기 진동이 나타났으므로 이것은 f_a를 2회 계산한 $f_a^2(f_a$를 2회 실시한 것, 즉 $f_a(f_a(x)) = f_a^2(x)$라고 적는다)의 부동점이라고 생각하면 2개 있다. 마찬가지로 하여 I_1에서는 2^2개, I_2에서는 2^3개라는 식으로 접근하는 값이 있다고 생각되므로 분기 다이어그램은 그림 46과 같이 된다.

이상으로 로버트 메이의 수치실험에 대한 설명을 마치는데 앞의 수치실험의 마지막 부분은 어디까지나 컴퓨터에 의한 실험 보고이

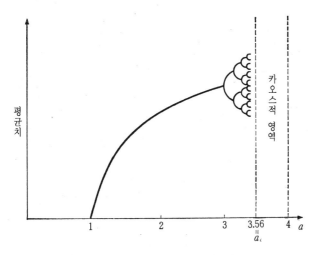

그림 46 분기 다이어그램(갈퀴형분기)

고, 그렇다고는 해도 이런 단순한 이산역학계의 궤도가 이렇게 복
잡하게 된다는 사실은 획기적인 발견이라고 하겠다. 실은 이것이
수학적으로 증명되는데 그것은 다음 장에서 설명한다. 또한 그것은
나중에 얘기하는 수학자 리와 요크 두 사람이 메이와 만나 훌륭하
게 세상에 알려지는 극적인 장면을 거치고 나서이다.

제 3 장
카오스의 물리·카오스의 수리

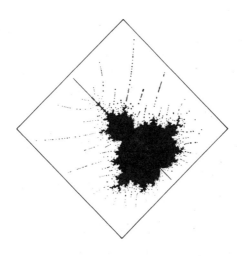

(1) 난류에 대한 로렌츠의 연구

어떤 종의 유체 운동에 있어서 정상인 흐름 패턴, 규칙 바른 주기적인 흐름 패턴 외에 주기적이지도 않고 아주 우연히라고밖에 말할 수 없는 흐름의 변화가 일어나는 일이 있다. 예를 들면, 어떤 축 주위에 물을 넣은 원통상의 수조가 회전하고 있고, 축에 대칭으로 수조 주위가 가열되고 중심에서는 냉각된다는 실험이 있다(푸르츠나 하이드의 실험).

그때, 어떤 조건에서는 축대칭인 정상적인 흐름이 되어 조건을 바꾸면 규칙바른 공간적인 피치를 가진 파동이 생긴다. 이것도 대칭이다. 그런데 다른 조건 아래에서는 아주 불규칙적인 파가 비주기적으로 생겨 파형도 또한 비대칭, 그리고 불규칙하게 변화하는 일이 있다. 이 마지막 경우가 난류라고 불리는 흐름 상태이다.

더 일상적인 일로 설명하면, 물을 데울 때에 아래에서 가열하게 되는데, 그때 물은 균일하게 밑으로부터 순차적으로 데워져서 마지막으로 끓는 것이 아니고 반드시 어떤 온도를 넘으면 대류를 일으켜 빙글빙글 상하를 도는 흐름이 일어나고, 더 온도가 올라가면 앞에서 얘기한 난류가 되고 이것을 끓음(비등)이라고 부른다.

이렇게 온도에 따라서 변화하게 되는데, 이 수학적인 구조를 계산기로 연구한 것이 지구물리학자 로렌츠의 1963년의 연구이다. 그는 이 현상을 지배하는 미분방정식으로서 예전부터 사용되고 있는 부시네스크의 방정식을 기초로 하여 이것을 풀기 위하여 다음 3개의 미지수를 포함한 연립의 상미분방정식계를 하나의 근사로서 유도하여 이 해를 해석하였다.

X, Y, Z는 모두 시간의 함수인데 각각 다음 의미를 가지고 있

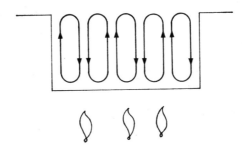

그림 47 대류가 생기는 기본적인 조건은 장소에 의한 유체의 밀도 차이다. 즉 하부에 있던 유체는 데워지고 팽창하여 밀도 가 작아져서 상승하고 위에서 냉각되어 내려간다.

다. 그리고 셋으로 짝이 되어 흐름 변화의 모양을 나타내고 있다. 각 의미를 적어 보겠다.

$X(t)$는 대류의 세기에 비례하는 양이다. 따라서 이것이 0이면 대류는 일어나고 있지 않다.

$Y(t)$는 대류로 오르내리는 2개의 흐름의 온도차에 비례하는 양 이다. 이것도 0이면 대류가 일어나지 않았다는 것을 의미한다.

$Z(t)$는 상하방향의 온도분포의 차가 어느 정도 공간적으로 선 형함수에서 떨어져 있는가를 나타내는 양이며, 이것도 0이면 대류 는 일어나지 않는다고 의미한다.

그럼 이 3개의 미지함수를 사용하여 로렌츠의 난류 모델을 쓸 수 있다.

$$\frac{dX}{dt} = -\sigma X + \sigma Y, \ \frac{dY}{dt} = -XZ + rX - Y, \ \frac{dZ}{dt} = XY - bZ$$

이 식 중에서 σ, r와 b라는 문자를 보게 되는데, 이것은 파라미 터이고 σ는 프란틀수라고 부르며 유체의 확산계수와 열전도계수의 비이며 이것이 변화하는 것이 유체의 흐름 전체를 변화시킨다. 그러나 상수이다. r와 b는 용기의 모양이나 유체의 성질에 관계되는 파라미터이며 이것을 일정하게 해두면 상수이다.

σ를 10, b를 $\frac{3}{8}$으로 하여 계산하였다. 이 연립 미분방정식의 해로서의 궤도의 계산 결과를 3차원 공간에서 보인다. 여기서는 r를 28로 잡았다.

먼저 이 연립 미분방정식의 평형점을 구한다. 즉 이 방정식에서 우변의 3개의 식은

$$\begin{cases} -10X + 10Y = 0 \\ 28X - Y - XZ = 0 \\ -\frac{3}{8}Z + XY = 0 \end{cases}$$

금방 알 수 있는 것은 X, Y, Z가 모두 0의 점, 즉 점$(0, 0, 0)$이 1개의 평형점이다. 이 점 이외에 다음 2개의 점 C와 C'도 평형점이다.

$$C = (6\sqrt{2}, 6\sqrt{2}, 27)$$
$$C' = (-6\sqrt{2}, -6\sqrt{2}, 27)$$

여기서는 r를 28로 잡고 계산해 보았는데, 만일 r를 작게 하여 24보다 작게 하면 마찬가지로 C와 C'가 발견되는데, 이때는 C와 C'는 안정하다. 그것은 C와 C'에 가까워진 해의 궤도는 각각의 C 또는 C'에 시간이 지나면 감겨져 버리는 것을 의미한다. 이것은 앞에서 설명한 정상적인 대류가 일어나고 있는 것에 대응한다. 결정적인 r의 값은

$$r_0 = 24.74$$

이며 r_0보다 r이 크다고 지금 계산한 대류평형점 C와 C'는 불

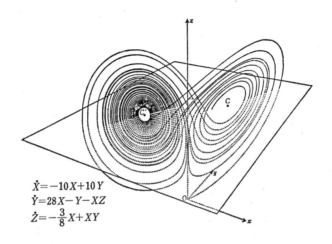

$$\dot{X} = -10X + 10Y$$
$$\dot{Y} = 28X - Y - XZ$$
$$\dot{Z} = -\frac{3}{8}X + XY$$

그림 48-a 로렌츠의 난류 모델(로렌츠 어트랙터)

안정, 즉 궤도가 C 또는 C'에 어느 정도 가까워져도 시간이 지나 거기에 떠난다.

그러면 그림 48-a를 참고로 궤도를 더듬어 보자. 대류가 일어나 지 않는 평형점(0, 0, 0)을 근소하게 피하여 (0, *, 0)이라는 (0, 0, 0) 가까이에서 출발한다. 이것은 식으로부터 만일 X도 Y 도 Z도 0이면 절대로 대류가 되지 않는다. 즉 방정식의 우변이 모 두 0이면 $\frac{dX}{dt}, \frac{dY}{dt}, \frac{dZ}{dt}$ 는 모두 0이기 때문이다. r가 28의 값인 때는 이 (0, 0, 0)이라는 평형점도 불안정이다. 즉 아무리 이 점에 가까운 궤도라도 시간이 지나면 거기에서 떠난다. 어느 방향 으로 떠나는가?

그것을 알기 위해서는 다시 방정식을 보면 된다.

이 점 (0, *, 0)에서는 다음과 같이 되어 있다(*는 양의 작은 값이라고 한다).

$$\frac{dX}{dt} \fallingdotseq 10*$$

$$\frac{dY}{dt} \fallingdotseq 28X - *$$

$$\frac{dZ}{dt} \fallingdotseq 0$$

따라서 제1의 식에서 X는 갑자기 양으로 커진다. 그에 따라서 제2의 식에서 Y도 양으로 커진다. 이것은 대류의 두 가지 온도차가 커지고, 찬 부분은 아래로, 뜨거운 부분은 위로 들어가서 바뀌는 것을 의미한다.

잠시 이렇게 궤도가 늘어나면 (X, Y)의 값은 앞에서 설명한 불안정화되어 버린 평형점 C 또는 C'의 X와 Y의 값을 웃돌기 때문에 양상이 일변한다. Y는 자꾸 줄고, 드디어는 X와 Y의 부호는 반대가 된다. 즉 뜨거운 유체가 내려가고, 찬 유체는 올라간다. 또 위의 궤도는 또하나의 평형점 C' 가까이에 떨어지는데, 앞에서 설명한 것같이 C'도 불안정이므로 C' 주위를 불규칙으로 돌면서 밖으로 튀어나가서 거기서 다시 Y의 부호가 변화하여 C 주위에 떨어진다. 다시 앞에서와 같이 C도 불안정이므로 또한 C 주위를 불규칙하게 돌고 나서 튀어나간다. 이것이 되풀이된다.

이러한 궤도의 모양이 아주 제멋대로인 것처럼 보이는 것을 정당화하기 위해서 로렌츠는 아주 독창적인 아이디어를 사용하였다. 이 수법을 로렌츠 플롯이라고 부른다. 그것을 설명하면 궤도는 시간 t의 함수로서 그래프를 그릴 수 있으므로 어떻게 그것이 변화하는가를 보기 위해서이다. 여기서는 $Z(t)$만을 취하였다. 그리고 계산기로 그림 48-b와 같이 $Z(t)$가 극대값을 취하는 시각에서의 Z값을 차례차례 계산하여 그것을 (P_n, P_{n+1})의 평면상에 플롯하

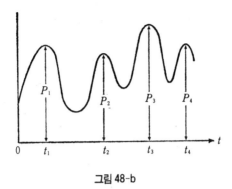

그림 48-b

여 어떻게 $(P_n,\ P_{n+1})$을 좌표에 가지고 있는 점이 분포되어 있는가를 살펴보았다.

얻어진 그림이 그림 49, 그림 50이다!

이것이야말로 제1장의 (4)에서 상세히 설명하고, 또 수학적인 증명까지 한 전형적인 랜덤한 수열을 만드는 이치이다!

그 경우에도 설명하였는데, 이러한 이산역학계는 랜덤한 0, 1의 수열이 만들어지는 것이다. 그 요건은 무엇이었는가 하면 그래프가 연속이고, 또한 하나의 정사각형에 포함되어 있고, 꼭지점이 위의 변까지 도달되어 있는 것인데, 이 그림은 바로 그 요건을 만족시키고 있다!

주의 앞에 설명한 연립 미분방정식이 3개의 미지함수 $X,\ Y,\ Z$로 성립되어 있던 것은 중요하며, 만일 미지함수가 2개 또는 1개인 때, 미분방정식(연속인 역학계)에서는 이런 일이 일어나지 않는다는 것을 수학적으로 보여준다. 앞장에서 로버트 메이의 실험의 끝부분에서 생긴 복잡한 모양의 해는 미분방정식이 아니고 1차원

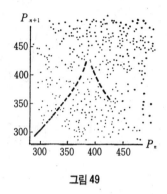

그림 49

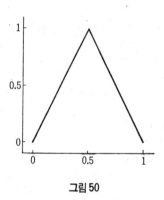

그림 50

의 이산역학계에 대해서였다. 이것은 다음 장에서 저자들의 연구로 밝혀진 것을 설명한다.

드디어 제3장에서 설명한 생물에 관한 복잡함과 지금 설명한 난류의 복잡성이 실은 한가지였다는 것의 증명이 다음에 설명하는 리와 요크의 정리이다.

(2) 리와 요크의 정리

　1973년의 어느 때, 메릴랜드 대학의 수학교실의 교수인 요크 씨에게 이웃 지구물리교실의 교수인 앨런 파러 씨가 찾아왔다. 그것은 그때까지도 흔히 있던 일로 지구물리 방면에서 수학적으로 어려운 논문이 있으면 '이것은 수학이다!'라고 하여 흔히 이 파러 교수가 요크 교수에게 그런 논문을 읽고 흥미가 있으면 연구해 보라고 건네주었다는 것이다. 그때 받은 것이 앞절에서 소개한 로렌츠의 논문이다.

　요크 교수는 곧 이것을 당시 수학의 대학원생이었던 타이완(臺灣) 출신의 리(李天岩)와 함께 읽고 그 마지막 부분에 깊은 흥미를 가졌다. 즉 로렌츠가 말하는 산형의 함수가 어떻게 랜덤한 수열을 만들어내는가 하고.

　특히 그림 51과 같이 산형의 꼭지점이 정사각형의 윗변에 붙어 있을 때는 좋다고 하고, 이러한 성질이 나오기 위한 그래프의 함수는 어떤 성질을 가지면 되는가? 하는 의문을 둘러싸고 요크 교수와 리 대학원생의 공동연구가 시작되었다. 그들은 이것은 더 일반적으로 일어나는 것이 아닌가 의문을 가졌다. 물론, 예를 들면 함수 $f(x)$의 그래프가 산형이라도 그 꼭지점의 높이가 충분히 작으면 이런 일은 일어날 수 없다. 그것은 로버트 메이의 수치실험에 의해서 우리는 이미 알고 있다. 예를 들면 메이의 경우에서 a가 1과 2 사이의 경우 등을 보면 그때의 수열 x_n은 $1-\dfrac{1}{a}$에 수렴된다(72쪽).

　이것을 그림으로 보면 a가 2보다 작을 때 $1-\dfrac{1}{a}$은 B에 속하므로 제1장의 (4)에서 설명한 방법으로 A, B의 기호열을 만들어도 충분히 큰 n에 대하여는 x_n은 모두 B에 속하므로 도저히 A, B의 임의의 무한열에 대응하는 x_n을 만들 수 없다.

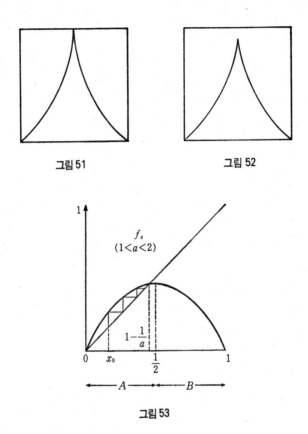

그림 51   그림 52

그림 53

다만 리와 요크 두 사람은 이 1973년의 시점에서는 로버트 메이의 업적도 몰랐다. 어쨌든 고심끝에 다음과 같은 정리가 성립할 것이라는 예상을 세웠다.

리-요크의 정리 준비

$f(x)$라는 함수가 구간 [0, 1]에서 정의되어 있고 연속이라고 가

정하자. 이 함수값도 또한 실수이고, 또한 같은 구간에 들어가는 것
이라고 한다. 그렇다면 이 f를 사용하여 다음과 같은 이산역학계
(제1장, 제2절에서 설명하였다)를 생각할 수 있다.

(A) $x_{n+1} = f(x_n)$

자세히 말하면 구간 〔0, 1〕에서 구간 〔0, 1〕에의 사상 $f(x)$에
의한 이산역학계를 정의할 수 있다.

이 이산역학계에 대하여 다음 말을 준비해 보자.

부동점 $f(p) = p$가 되는 점 p이다.

2주기점 $f(p) \neq p$이고 또한 $f(f(p)) = p$가 되는 점이다. 제1장
의 (4)에서 사용한 기술법에서는 $f_2(p) = p$라고 적을 수 있다. 이
방식에서는 부동점을 1주기점이라고 해도 된다.

n주기점 $n-1$의 주기점은 아니지만 $f^n(p) = p$가 성립되는 점,
즉 $n-1$회의 f의 합성 $f^{n-1}(x)$의 부동점은 아니지만 $f^n(x)$의
부동점이 되어 있는 점이 부동점이다.

앞장 제5절에서는 그다지 자세하게는 설명하지 않았는데, 로버
트 메이의 수치실험에서 나타난 n이 커져서 그 후 나타난 2주기,
4주기, 8주기의 궤도란 이런 의미였다.

점근적으로 주기적, 이 실례는 로버트 메이의 수치실험의 예에
많이 있었다. 즉 파라미터 a가 0과 1 사이에서는 0이라는 1주기의
점에 궤도가 수렴되었다. 이것을 점근적으로 1주기점에 가까워진다
고 할 수 있다. a가 1과 3 사이에서는 마찬가지로 1주기점 $1 - \dfrac{1}{a}$에
가까워졌고, a가 3과 $1 + \sqrt{6}$ 사이에서는 2주기점에 점근하였다.
2주기는 진동이므로 'n이 커짐과 더불어 2주기 궤도로 감겨져 갔
다'고 해도 된다. 이것이 점근적으로 주기적이 된다는 의미이다.

이만큼의 말을 준비해 두면 리와 요크의 정리를 정확하게 설명

할 수 있다.

리―요크의 정리

$f(x)$를 구간 〔0, 1〕상의 연속함수로서 f가 나중에 설명하는 리
―요크의 조건을 만족시킬 때, f에 의해서 정의되는 (A)라는 이산
역학계에는 다음 두 가지 성질이 증명된다.

(i) 모든 자연수 n에 대하여 n주기의 궤도가 존재한다. 즉 그
렇게 되는 (A)의 초기값 x_0가 구간 〔0, 1〕에 존재한다.

(ii) 주기적도 아니고 점근적으로도 주기궤도에 가까워지지 않
도록 초기값 x_0을 잡을 수 있고, 또한 이런 x_0의 집합은 비가산개
이다.

자연수의 집합과 같이 1개, 2개로 헤아릴 수 있는 집합의 크기를
무한이지만 가산개라고 부른다. 비가산개란 그것보다 많다.

그래서 문제는 이러한 결과가 성립되기 위한 $f(x)$의 조건(충분
조건)인데 그에 대해서 설명한다.

리―요크의 조건

구간 [0, 1]에 다음과 같은 점 p, q, r, s가 있고 $f(x)$의 그들
점 위에서 취하는 값 $f(p), f(q), f(r), f(s)$와 p, q, r, s의
위치관계는 다음과 같이 되어 있다.

$$s \leq p < q < r$$
$$f(p) = q, f(q) = r, f(r) = s$$

이 조건을 $f(x)$의 그래프를 사용하여 설명해 두겠다.

먼저 이 조건을 이해하기 위해서 간단한 예로서 제 2 장 (5)에 있
는 $f_a(x)$의 그래프에 대하여 이 조건에서 설명되어 있는 $p, q, r,$
s를 어떻게 만드는가를 생각한다($0 \leq a \leq 4$).

$$f_a(x) = ax(1-x)$$

이었다. 지금 a를 4보다 작고 또한 4에 가까운 값을 생각해 보자. p, q, r, s를 구해본다.

먼저 $\frac{1}{2}$인 곳, 즉 $f_a(x)$의 최대값에서 내린 수선과 대각선의 교점에서 선분 [0, 1]에 평행으로 평행선을 긋고 $f_a(x)$와 교차되는 점의 x좌표가 p이다. q는 $\frac{1}{2}$로 잡으면 $f(p) = \frac{1}{2} = q$, 꼭지점에서 가로축에 평행한 선과 대각선과의 교점의 x좌표를 r이라고 하면 $f(q) = r$, 이 r에서 같은 방법으로 s를 구하면 목적대로의 p, q, r, s가 구해진다. 앞의 a의 크기가 작고 꼭지점의 높이가 줄면 이러한 p, q, r, s를 구하는 것은 불가능하다.

이것이 리-요크의 원리이다. 이것은 매우 의미가 깊은 정리이다. 예를 들면 앞의 예에서 이산역학계

$$x_{n+1} = f_a(x_n) \qquad f_a(x) = ax(1-x)$$

의 로버트 메이의 수치실험에서 파라미터가 a에서 a_c까지는 어느 궤도에도 3주기가 나타나지 않았던 것을 상기하기 바란다. 주기는 그때까지는 언제나 2^n의 주기만이었다. 만일 이 역학계에 3주기의 궤도가 있었다고 하자. 3주기점이란 89쪽에서 설명한 것과 같이 $f_a^2(p) = p$가 되는 점이다. 또한 $f_a(p) \neq p$, $f_a^2(p) \neq p$. 따라서

$$p = p, \ f_a(p) = q, \ f_a^2(p) = r, \ f_a^3(p) = s = p$$

라고 놓으면 바로 리-요크의 조건이 만족된다. 따라서 리-요크의 정리의 결론 (i)에 의하여 어떤 n에 대해서도 주기점이 따로 존재하는 것을 알 수 있고 앞장의 (4)에서 설명하였다. 로버트 메이의 수치실험의 a가 3.57보다 크고 4에 가까운 부분의 설명이 정확

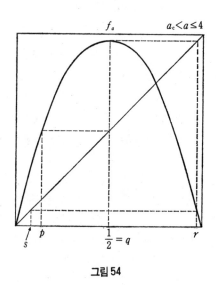

그림 54

하게 이루어졌다. 리와 요크는 이 논문에

　'3주기는 카오스를 의미한다'

　'Period 3 implies Chaos'

라고 이름붙였다. '카오스'라는 말이 수학의 언어로 나타난 것은 이 것이 역사상 처음이다.

(3) 메이와 리, 요크의 만남

앞절에서 리와 요크가 로렌츠의 연구에 자극되어 하나의 정리를 발견한 데까지 설명하였다. 그들 두 사람이 어떻게 하여 이 정리의 증명을 마치고 논문으로 세계에 발표하였는가에 대해서는 매우 흥미있는 얘기가 있다.

그것을 리 씨로부터 직접 들었으므로 여기서 그 얘기를 하겠다.

한 마디로 말해서, 그들이 이 정리, 리-요크의 정리의 증명을 마쳤을 시점에서는 그들은 그 진짜 가치를 아직 잘 모르고 있었던 것 같았다. 그것을 알게 된 것은 로버트 메이와의 우연한 만남에 의해서였다.

앞절에서 도중까지 설명한 리와 요크의 발견 이야기를 계속하겠다. 1974년의 어느 때, 두 사람은 앞에서 설명한 정리를 증명하려고 노력하고 있었다. 먼저 요크가 증명되었다!고 기뻐하였는데, 그 증명의 세부를 검토하고 증명의 오류를 발견하였다. 다음 몇 주일인가의 노력끝에 대학원생인 리가 성공하였다고 기뻐하고 요크 교수와 검토해 보았다.

요크 교수는 그 잘못된 생각을 지적하였다. 리는 자기 잘못을 시인하였다. 그때 교수가 다른 볼 일로 방에서 나갔다. 그리고 요크 교수가 다시 방으로 돌아왔을 때, 리는 아까의 잘못을 정정하는 방법을 발견하였다. 두 사람으로 검토한 결과, 이번이야말로 틀림없이 올바른 증명으로 되어 있었다. 그 증명을 여기서 소개하지 않겠지만 이리하여 그들의 논문이 완성되었다. 증명은 정말로 어려운 것은 아무것도 사용하지 않고, 단지 연속된 함수의 기본적인 성질과 그 함수가 구간에서 구간에의 1차원의 사상(寫像)이라는 것, 그것만으로 앞절에 설명한 정리가 증명되었다. 만들어진 논문은 2, 3쪽의 짧은 것으로 두 사람은 정말로 가볍게 생각했던 것 같고, 너무나 논의가 간단하여 이것을 미국의 정평있는 학술잡지에 발표하는 것을 그만두고 수학교육자용의 『American Mathematical Monthly』의 편집자에게 보냈다.

그러자 얼마 후 편집자로부터 편지가 와서 '이 논문 내용이 너무 어렵습니다. 이 잡지는 수학자를 위한 잡지가 아니고 수학교육자를 위한 것이므로 이 논문은 이대로는 수리하여 발표할 수 없습니다. 만일 어떻게도 게재를 희망한다면 더 상세한 증명을 보충하여 다시 보내주십시오'라는 내용이었다. 두 사람은 낙심하여 정정하여 보낼 의욕도 잃고 논문을 그대로 내버렸다.

그리고 반년쯤 지났다. 1974년 메릴랜드 대학에 앞장에서 얘기한 로버트 메이가 수리생물학의 강연을 하기 위하여 왔다는 것을 들은 두 사람은 예의 논문 따위는 잊어버리고 그 강연을 들으러 갔다.

그러자 재미있는 일은 로버트 메이의 강연은 바로 우리가 앞장 (5)에서 배운 로지스틱의 오일러 차분, 즉 이산역학계

$$x_{n+1} = a x_n (1-x)$$

의 이야기였다. 이야기가 진행됨에 따라 두 사람은 긴장하였다. 끝으로 우리가 제 2 장의 끝에서 배운 것처럼, a가 결정적인 값 a_c를 넘어서 4에 가까운 곳에서는 지금까지 a가 이 값 이하인 경우에는 전혀 나타나지 않았던 홀수 주기도, 그리고 모든 주기도 출현하는 것, 그들의 해는 초기값 x_0에 매우 센시티브하게 의존하고 있는 것 같이 보인다는 얘기를 하였다. 로버트 메이의 컴퓨터에 의한 수치 실험의 결과를 듣고 두 사람은 흥분하였다. 강연이 끝나자마자 두 사람은 메이를 만나 두 사람이 얻은 결과를 얘기했다. 메이도 그런 훌륭한 결과가 나왔다고 듣고 놀랐다.

두 사람은 그날 밤, 돌아가자 동시에 먼저 팽개쳤던 논문의 초고를 꺼내어 증명에 대한 보록을 달아서 7쪽이 된 초고를 다시 보냈다. 그리고 이 논문은 이 잡지에 수리되어 1975년에 인쇄되고 세계에 공표되었다.

그 반향은 굉장하여 200부 있었던 논문의 별쇄는 세계로부터의

요구로 2개월도 지나지 않는 동안에 모두 없어졌다고 한다.

이 결과가 발표되자 수학의 여러 분야에서 이루어진 연구 중에는 이 정리와 아주 밀접한 관계가 있는 것도 발견되었다. 그 중에서도 특히 옛소련의 우크라이나 대학에 있는 샤르코프스키라는 사람의 연구는 일부분이 이 리-요크의 정리보다 깊다는 것을 이미 1964년에 발견하였다는 것도 판명되었다. 이 샤르코프스키의 정리도 나중에 설명한다.

여기에서 리 씨에게서 들은 발견 이야기를 그치지만, 이 정리의 발견에 대해서는 몇 가지 우연이 관련되어 있다. 먼저 앨런 퍼러라는 학자가 리들에게 그 로렌츠의 논문을 건네주지 않았더라면 이 발견은 없었거나 또는 다른 사람이 했을 것이다. 로렌츠의 연구는 지구대기의 전문잡지에 발표되어 보통의 수학자의 눈에 띠는 곳에 발표되지 않았기 때문이다. 다음에 리와 요크가 메이의 강연을 듣기 위해서 갔던 것도 좋았다. 여기서 그들은 자기들이 한 연구의 값어치를 발견하여 공포할 생각을 가졌다. 그렇지 않았으면 두 사람의 논문초고는 어디선가 잠자고 말았을 것이다.

(4) 샤르코프스키의 정리

리-요크의 정리가 발표되자 여러 가지 반향이 각 방면에서 나왔는데, 그 중에서도 옛소련의 샤르코프스키의 연구는 아름답고 중요하다. 다만 이것은 1차원 이산역학계의 주기궤도에만 관한 정리이다.

독자는 제2장의 (5)에서 설명한 로버트 메이의 수치실험을 다시 상기하기 바란다. 다시 한번 말하면 이산역학계

$$x_{n+1} = f_a(x_n) = ax_n(1-x_n)$$

에서는 a가 3보다 작을 때에는 주기해는 전혀 나타나지 않고 3보다 크고 $1+\sqrt{6}$ 보다 작을 때 비로소 2주기가 나와 그 이후 a가 작게 진동할 때마다 주기는 2배, 2배가 되어 2^n주기 이외는 a가 a_c =3.57…… 을 넘을 때까지는 전혀 나타나지 않는다. 아무래도 3주기라든가 5주기는 나타나기 어려운 것 같다. 아니 그 이상으로 홀수의 인자를 포함하는 정수(예를 들면 6이든가 9든)도 나오지 않는다. 물론 우리는 리―요크의 정리에서 3주기가 나오면 단번에 다른 모든 주기의 해가 나오는 것은 알고 있다.

이러한 주기해가 나오기 쉬움 또는 나오기 어려움에 대해서 더욱더 정밀한 정리가 이미 리―요크보다 9년 전에 우크라이나에서 증명되었다. 샤르코프스키의 정리를 설명한다.

샤르코프스키는 먼저 정수의 배열법을 고안하였다. 그 배열법은 샤르코프스키의 순서라고 불리며 다음과 같이 되어 있다. 즉 먼저 3에서 시작하여 홀수 전부를 배열하고, 다음에 홀수의 2배 전부를 2·3을 선두에 배열한다. 그 다음에는 홀수의 2^2배를 전부 배열한다. 다음에 2^3배를 배열하여, 모든 n에 대해서 홀수의 2^n배를 배열하고, 여기에서 이미 무한열이 무한개 배열되는가, 그 다음에 2의 멱 2^n을 n이 큰 쪽에서 2까지 배열하고 마지막으로 1를 쓴다. 이것으로 모든 정수가 만들어지는 것이 분명하다. 즉 어떤 정수가 홀수이면 처음의 무한열 3, 5, 7, …… 중에 있을 것이다. 또 그 수가 짝수이면 2로 나눠질 때까지 나눠서 2^n를 꺼내면 나머지는 홀수이고 이 열의 어딘가 중간에 들어가 있을 것이다. 정리하여 이 열을 써보면

3, 5, 7, ……
2·3, 2·5, 2·7, ……

$2^2 \cdot 3$, $2^2 \cdot 5$, $2^2 \cdot 7$, ……

………

………

$2^n \cdot 3$, $2^n \cdot 5$, $2^n \cdot 7$, ……

………

……2^n, 2^{n-1}, 2^{n-2}, ……, 2, 1

여기서 샤르코프스키 정리를 적는다.

[정리] 지금 구간 [0,1]에서 정의된 연속함수 $f(x)$를 사용하여 이산역학계

$$x_{n+1} = f(x_n)$$

의 궤도를 생각한다. k를 임의의 정수라고 하고, 만일 이 역학계에 k주기점이 있었다고 하면 앞의 샤르코프스키열에서 k보다 오른쪽에 있는 모든 정수 p에 대하여 p주기점이 있다. 이것이 사르코프스키의 정리이다.

(5) 랜덤과 카오스

우리는 리-요크의 정리에서 처음으로 카오스라는 말을 듣게 되었는데, 이것과 제1장에서 설명한 랜덤한 수열을 만드는 이치와의 관계는 어떠한가? 결론부터 말하면 랜덤은 카오스의 일종인데, 카오스는 불규칙하지만 모든 랜덤이 아니다.

다시 한번 메이의 수치실험에 사용된 역학계

$$x_{n+1} = ax_n(1-x_n)$$

에 되돌아가서 생각하면 a가 4인 때는 제1장의 (3)에서 설명한

것과 같이 랜덤한 수열을 만드는 이치의 하나로서 사용된다. 한편 리―요크의 정리는 a가 4도 포함하고 4보다 작아도 4에 가까우면 리―요크의 조건이 만족되어 리―요크의 정리가 적용되는 것을 91쪽 근방에서 보였다. 이것이 카오스이다. 그럼 얼마만큼 다른 가. 벌써 알아차린 독자도 있겠지만, 카오스 쪽은 몇 주기인가 하는 의미에서 모든 주기의 해가 나오며, 랜덤쪽은 모든 주기의 모든 종 류의 주기해가 나온다.

제1장 28쪽 근방에서 설명한 것과 같이, 예를 들면 A, B의 기 초열에서의 3주기에는 본질적으로는 2종류가 있다

$$ABB \quad ABB \quad ABB \cdots\cdots$$
$$AAB \quad AAB \quad AAB \cdots\cdots$$

이며 랜덤인 때는 이 양쪽이 반드시 나타난다. 카오스의 경우는 3 주기는 반드시 있으므로 이 중 어느 쪽인가는 반드시 나타나는데 양쪽이 반드시 나오지는 않는다. 앞의 역학계에서는 a가 4인 때는 매우 강한 결과가 나온다. k주기의 k가 많으면 k주기의 종류도 늘 어난다. 그렇지만 카오스에서는 그 하나만이 보증된다. 그러나 이것 도 결코 불규칙성으로서 약한 편은 아니다. 왜냐하면 무한으로 주 파수가 높은 주기해가 있는 경우에 보통 엔지니어는 노이즈라고 하고 있을 정도이기 때문이다.

(6) 카오스의 또하나의 의의, 랜덤에의 길, 파이겐바 움의 비

제2장의 끝에서 설명한 메이의 수치실험의 의의를 다른 각도로 부터 덧붙여 설명한다. 예를 들면 유체가 관을 흐르고 있을 때, 속

도가 느린 동안은 천천히 곧바로 흐르고 색소라도 흐르게 하여 유선(流線)을 알 수 있게 하면 곧바른 선이 된다. 그런데 유체의 속도가 올라가면 그 선은 흔들리기 시작하여 그 흐트러짐이 커져서 이른바 난류가 된다.

또하나 더욱 확실한 것은 이 장의 처음 부분에서 설명한 열대류에서 일어나는 난류이다. 예를 들면 된장국을 넣은 냄비를 아래에서 가열할 때, 점점 온도를 올라면 처음에는 대류에서 위에서 보면 정육각형의 바둑판눈금이 생기고 육각형의 가장자리되는 곳에 물이 가라앉고 뜨거워진 물은 육각형의 가운데서 위로 솟는 이른바 대류가 일어난다. 결국 이것은 가열된 물의 밀도차에 의해서 생긴다. 이 육각형은 어떤 종류의 유체(실리콘유 따위)에서는 아주 명료하게 관측되어 있다. 더욱 온도를 올리면 찬 물과 뜨거운 물이 더욱 굉장히 서로 움직이고 섞이는 것이 이 장의 첫머리에서 설명한 로렌츠의 수치실험이 보여준 것이다.

이렇게 처음에는 질서 있던 것이 뭔가 변하면 점점 무질서한, 랜덤한 것으로 변해 가는 것은 세상에 많이 존재한다. 좀 문학적인 표현으로 말하면 흩어지지 않는 상태에서 흩어지기 시작하여, 다시 앞절에서 설명한 카오스의·상태를 거쳐 랜덤하고 흩어져 버린 상태가 된다. 이러한 과정을 하나의 수학적인 모델로 기술한다는 것은 지금까지의 수리과학적인 연구에서도 없었던 일이다. 또한 제1장의 처음에서 설명한 것과 같이 수학의 입장도 일반적으로는 결정론적인 과정 연구는, 예를 들면 미분방정식론에서 비결정론적(스터캐스틱)인 과정 연구는 확률론에서 2분법이 성립되어 있고, 그 사이가 하나의 모델로 하나의 파라미터를 변화시키는 것만으로 수학적으로 실현시키는 것을 로버트 메이의 수치실험(제2장)을 해보이는 것이 되어 정말 재미있는 일이다.

이것과 관계하여 훌륭한 수학적인 사실은 다음의 파이겐바움의 예상이다. 로버트 메이의 수치실험에서도 a를 파라미터로서 $f_a(x)$ $= ax(1-x)$

$$x_{n+1} = f_a(x_n)$$

이라는 역학계의 모임을 생각하였다. 메이의 경우는(75쪽에 있던 $I_n = [a_n, a_{n+1}]$)

$$a_0 = 3, \ a_1 = 1+\sqrt{6}, \ a_2, \ a_3, \ \cdots\cdots, \ a_c$$

이 a_n은 결정적인 값 a_∞에 수렴된다. 더욱이 각 a_n에서는 차례 차례로 주기 배가현상이 일어나서 77쪽에 있는 분기다이어그램 (갈퀴형 분기)이 일어난다.

파이겐바움은 다음 비에 주목하였다.

$$\frac{a_{n+1}-a_n}{a_{n+2}-a_{n+1}}$$

그는 이 비의 극한을 계산해 보았다. 즉

$$\lim_{n\to\infty} \frac{a_{n+1}-a_n}{a_{n+2}-a_{n+1}} = \delta = 4.6692\cdots\cdots$$

이다. 이 δ이라는 상수는 로버트 메이의 수치계산 때의 $f_a(x) =$ $ax(1-x)$에 대해서만이 아니고 갈퀴형의 주기배가를 나타내는 모든 f_a에 대한 보편상수라고 예상하였다(1978년). 실제로 다른 수학적 모델로 확인해도 거의 올바르고, 수학쪽에서는 코렛 엑먼과 런퍼드가 1980년에 f_a에 대한 어떤 조건을 부과시킴으로써 일반적 으로 이 예상을 수학적으로 증명하였다. 한편 실험쪽은 어떻게 되 었는가.

1981년에 지그리오(이탈리아)들의 액체 헬륨의 실험결과는 그

열대류로부터 난류에의 실험에서 바로 이 주기 배가현상을 2주기
에서 시작하여 32＝2⁵주기까지 관찰하여 파이겐바움 상수 δ에 대
한 측정은 앞서의 4.669에 가까운 값을 얻었다. 이것은 정말로 측
정법과 컴퓨터에 의한 데이터 처리기술의 진보에 힘입은 바가 많
다(그림 55).

이들 사실은 주로 물리학의 연구자에게 충격을 주고, 그때까지는
단순한 수학적 현상이라고 보던 카오스 현상은 물리라는 관점이
확립되었다고 한다.

이 시기에서 물리학에 있어서 카오스의 연구자수가 급증하여 여
러 가지 분야, 예를 들면 광학 등의 분야에서도 연구가 늘어났다.

(7) 새로운 공통 연구주제로서의 카오스

1970년대까지의 연구와 그 이후의 연구를 비교해 보자. 1960년
대 세계를 살펴보면 흥미롭다. 먼저 일본에서는 교토(京都) 대학
농학부에서 우치다(內田) 교수가 콩바구미의 연구를 부지런히 수
리 생태학의 연구로 하고 있었다. 옛소련에서 앞에서 설명한 샤르
코프스키가 다른 분야의 일은 전혀 염두에 두지 않고 수학으로서
연속함수를 사용한 이산역학계의 아름다운 연구를 하였다. 미국에
서는 지구물리학자 로렌츠가 기상예보의 연구로서 앞에서 설명한
로렌츠 플롯을 조사하고 있었다. 그리고 실은 수학 내부에서는 이
미 1800년대에 주로 유럽에서는

（＊）　$x_{n+1} = f(x_n)$

이라는 형태의 역학계에 대해서는 특히 x_n이 복소변수로서 $f(x)$
는 복소변수의 해석함수(예를 들면 다항식, 또는 유리식의 경우)에
대하여 올바르게 이 （＊）의 방정식의 해 연구를 하고 있었다. 이름

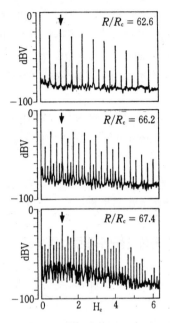

위에서 차례차례로 2주기, 4주기,
8주기가 되는 곳에 피크가 있다.
R/R_c는 온도.

그림 55 지그리오의 실험결과

을 들면 케니히, 단조아, 줄리아, 미르베르그였고, 1960년대에는 미
르베르그만이 살아 있었고 이 방정식을 조사하고 있었다. 이들에
대해서는 제5장에서 얘기하겠다.

이들 세계 각지에서 수학자, 물리학자, 생물학자가 서로 그것인
줄 모르고, 수학적으로 말하면 하나의 것, (＊)형태의 방정식을 연

구하고 있었다.

그리고 1970년 후반 가까이 되어 메이의 연구가 실마리가 되어 이들의 모든 상호관계가 알려졌다. 여러 과학이 수학을 통하여 하나가 되었다. 좀더 자세히 보면 컴퓨터의 역할도 크다. 1960년대의 연구 중, 로렌츠만은 컴퓨터를 사용하였을 것으로 생각되는데, 70년대가 되어 특히 로버트 메이가 그 간단한 방정식에 컴퓨터를 사용한 이래, 여러 가지 분야의 사람이 전문(專門)에 구애받지 않는 공통 이미지를 얻는 데 성공하였다.

그리고 새로운 공통연구의 대상으로서의 카오스, 공통으로 각각의 전문 연구를 얘기하는 언어 카오스가 태어났다. 이야기는 여기까지가 아니다. 또하나 공학분야가 있다. 다음 장에서는 카오스가 이미 공학분야에서는 1950년대에 발견되었던 것을 설명한다. 또 수치해법이라는 분야에서도 이상현상이 발견되어 있고, 실은 그것도 카오스였던 것을 다음 장에서 설명한다.

제 4 장

공학 및 수치해석과 카오스

공학에서도 이미 1950년대에 카오스는 발견되어 있었다. 하나는 비선형 진동론이고, 하나는 자동제어 이론중에서였다. 조금 뒤늦게 대형 계산기의 사용과 더불어 추치계산에서도 나타났다.

(1) 스트레인지 어트랙터란

그림 56에 보이는 기묘한 그림은 교토(京都) 대학 공학부 우에다(上田晥亮) 교수가 1961년 11월에 주기적 외력에 의한 비선형 진동의 미분방정식(더핑의 방정식)을 아날로그 컴퓨터로 풀 때 발견되어 카오스의 연구가 시작된 이후 세계적으로 주목되어 재퍼니즈 어트랙터라고 불리고 있는 현상이 된 것이다. 우에다 교수의 이야기를 들어보면, 처음에는 기계의 고장인가 생각했다고 한다. 이것은 나중에는 다른 비선형 진동의 방정식 판데어폴의 강제진동의 방정식에 대해서도 발견되었다. 그러면 이것이 왜 어트랙터라고 불리는가? 또 왜 스트레인지(기묘)인가 설명한다.

먼저 어트랙터인데, 다시 로지스틱의 미분방정식(여기서는 간단히 하여 N을 x, r를 1, k도 1이라고 놓는다)에 주목해 보자.

$$\frac{dx}{dt} = x(1-x)$$

여기서 x_0을 초기값으로서 0과 1 사이에 있어서 0도 1도 아닌 것을 잡으면 $x(t)$는 예외 없이 t를 $+\infty$에 튀게 하였을 때에 1에 접근한다.

이것은 57쪽에 나온 식

$$x(t) = \frac{x_0 e^t}{x_0 e^t + 1 - x_0}$$

에서 금방 볼 수 있다. 이 경우에 좌표 1이라는 점은 x축상에서 어

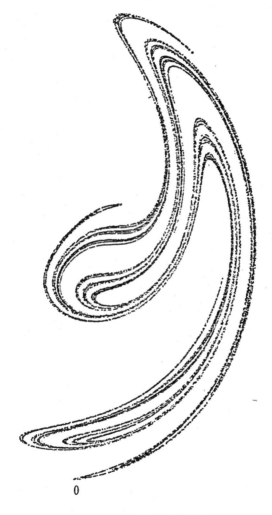

0

그림 56 재퍼니즈 어트랙터

트랙터(끌어당기는 것)이다. 1의 인력권(1에 끌리는 초기값의 모임)은 x의 양의 축에서 0을 제외한 전부이다.

이것은 1차원 연속인 역학계에 있어서의 어트랙터의 일례이다. 이런 일은 2차원 이상의 연속인 역학계, 연립 미분방정식에서 일어난다. 예를 들면 2차원이 되면 더 다른 어트랙터도 있다.

판테어폴의 방정식(자율계)

$$(V) \quad \begin{cases} \dfrac{dx}{dt} = y - x^3 + x \\ \dfrac{dy}{dt} = -x \end{cases}$$

이러한 2차원의 연속역학계는 시간 t의 함수로서 (V)를 만족하는 $(x(t), y(t))$가 궤도이고, 초기값은 $(x(0), y(0))$이라는 2차원의 점이다.

이 방정식 (V)의 경우에는 하나의 폐곡선 C가 xy평면에 있어서 어느 초기값 $(x(0), y(0))$에서 나오는 궤도도 이 폐곡선 C에 감겨간다. 이것은 수학적으로 증명된다. 따라서 C는 이 역학계(V)의 어트랙터이고 인력권은 2차원의 xy평면 전체이다(그림 57).

이 어트랙터는 리밋 사이클이라고 부른다.

2차원에서 가장 간단한 것은

$$\begin{cases} \dfrac{dx}{dt} = -x \\ \dfrac{dy}{dt} = -(x + y) \end{cases}$$

이 경우는 y는 x의 로그나선의 함수가 되어(그림 58), 이 경우에는 원점$(0, 0)$이 단순한 어트랙터이고 인력권(引力圈)은 전평면이다. 여기까지는 수학적으로도 증명할 수 있는 일이다.

그래서 우에다 교수의 스트레인지 어트랙터인데, 이 경우는 다음

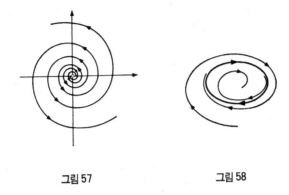

그림 57　　　　　　　　　　　그림 58

과 같은 강제진동(판데어폴에 대해서도 마찬가지로 강제진동을 생각할 수 있다)이다.

　그 방정식은 더핑(Duffing)의 방정식이라고 부르며 다음과 같이 간단한 것이다.

　(D)　$\dfrac{d^2x}{dt^2}+k\dfrac{dx}{dt}+x^3=B\cos\tau$

여기서 $\dfrac{dx}{dt}=y$ 라고 놓으면

$$\begin{cases} \dfrac{dy}{dt}=-ky-x^3+B\cos\tau \\[2mm] \dfrac{dx}{dt}=y \end{cases}$$

이라는 2차원의 역학계가 된다. $B\cos\tau$가 있으므로 앞에서 본 판데어폴과 같이 자율계가 아니고 강제진동이라고 부른다. 이러한 항이 있기 때문에 아주 어려워져서 여간해서는 수학적으로 엄밀하게 풀수 없다. 그래서 다음과 같이 생각하는 것이 비교적 오래전부터 시행되고 있다.

xy평면의 각점$(x(0),\ y(0))$에서 $(x(2\pi),\ y(2\pi))$의 사상을 생각한다. 이때 $(x(0),\ y(0))$은 (D)의 해의 초기값이며, $(x(2\pi),\ y(2\pi))$는 (D)의 해$(x(\tau),\ y(\tau))$의 t가 2π가 되는 곳의 값이다. 이 해가 초기값의 연속인 함수가 되어 있다는 것은 잘 알려져 있으므로, 앞에서 설명한 사상은 평면에서 평면에의 이산역학계를 주고 있다. $\cos\tau$가 2π의 주기를 가지고 있는데서 $(x(2\pi),\ y(2\pi))$에서 $(x(4\pi),\ y(4\pi))$, 또 $(x(2n\pi),\ y(2n\pi))$에서 $(x(2(n+1)\pi),\ y(2(n+1)\pi))$에 사상되므로, 이 사상을 T라고 곱하면 T의 되풀이 T^n을 사용하여 초기 값$(x(0),\ y(0))$을 가진 (D)의 해$(x(\tau),\ y(\tau))$를 2π 간격으로 추적하게 된다. 그때, 계산기에 의한 실험에 의하여 방정식에 포함된 상수 k 및 B가 어떤 범위의 값을 취할 때에 어떤 범위의 $(x(0),\ y(0))$을 영역(인력권)에 두면 반드시 처음에 든 그림 57에 수렴된다.

그림 59에서 사선을 나타낸 범위가 이러한 어트랙터가 출현하는 k와 B의 범위이다.

또한 그림 59의 K영역에서는 그림 60에 보이는 어트랙터가 된다.

스트레인지라는 것은 인력권에 초기값을 두면 틀림없이 이 기묘한 형태의 집합에 끌리게 되는데, 만일 이 도형상에 초기값을 두면 어떻게 되는가 하면 그것은 실험때마다 궤도의 모양이 이 도형상에서 변화하여 마치 우연히 바뀌는 것과 같이 보인다. 우에다 교수는 이것을 불규칙 천이과정이라고 이름붙였다.

이 발견은 1961년에는 발표되지 않았다. 그것은 일본에는 이런 결과를 발표할 만한 잡지가 없었기 때문이었다.

우에다 교수에 의하면 그의 발견은 처음으로 1973년 봄 전기통신학회지에 발표되었는데, 여기서는 매우 심한 악평에 시달렸다고

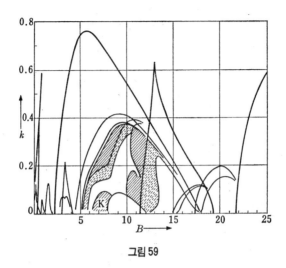

그림 59

그림 60

한다. '당신의 논문은 2차평가를 수반하고 있지 않고 시뮬레이션 효과에 대해서도 논의되어 있지 않으므로 아무런 가치도 없다' '단순한 실험 보고이다' 등 여러 가지 비판에 난처했다고 한다. 다만 나고야(名古屋)의 플라스마 연구소의 도모다(百田弘) 교수와 프랑스의 그 방면의 대학 데비드 뒤엘 교수가 그 가치를 인정하고 나서 (1978년) 갑자기 세계적으로도 유명해졌다.

그리고 이 기묘한 그림은 그 설명과 더불어 파리의 과학박물관에 크게 확대하여 진열되기로 결정되었다. 그렇다고 하면 로렌츠의 그 이상한 그림(83쪽)도 스트레인지 어트랙터의 일종으로 로렌츠 어트랙터라고 불린다. 그의 경우도 1960년대에 그의 전문인 기상학의 학자들에게 설명해도 전혀 이해하지 못했다고 한다. 어쨌든 로렌츠 어트랙터는 수학적인 연구가 진척되었으나 우에다 교수의 어트랙터는 아직 수학적으로 해명되지 않고 신비에 싸여 있다.

(2) 자동제어와 카오스

실은 스트레인지 어트랙터의 발견보다 더 일찍이 1957년경에 카오스는 알려졌었다. 그것은 공학의 비선형 샘플값 제어 분야이며, 유명한 카르만이 이것을 기술하였다는 것을 미나미구모(南雲仁一) 씨의 교시로 저자는 알게 되었다.

비선형 샘플값 제어란 가장 간단한 경우에 다음과 같이 설명된다. u라는 컨트롤이라고 불리는 파라미터를 포함하는 1계선형의 미분방정식

$$\frac{dx}{dt} + dx = u$$

이 미분방정식은 u의 값만 주어지면 간단히 풀려

$$x(t)=e^{-bt}x_0+\int_0^t e^{b(\tau-t)}ud\tau$$

라고 쓸 수 있다. $x(t)$는 초기값 x_0과 컨트롤 u에 의하여 결정되는 시간 t의 함수이다. 여기서 시간을 작은 간격으로 시간간격 T마다 잡고, 또한 컨트롤 u가 x_k, 즉 $x(kT)$의 값에 비선형적으로 의존하여 피드백된다고 하여 샘플 프로세스 x_k의 동작을 본다(이것이 비선형 샘플값 제어이다). 이 공식을 사용하여 샘플값 x_{k+1}은 다음 식으로 x_k로부터 결정된다.

$$x_{k+1}-e^{-bT}x_k=-u(x_k)\frac{(1-e^{-bT})}{b}$$

따라서 다음과 같이 쓰면

$$x_{k+1}=F(x_k)$$
$$F(x)=e^{-bT}x-u(x)\frac{1-e^{-bT}}{b}$$

이라는 형태의 다시 제1장, 제2장에서 설명한 1차원 이산역학계가 된다. 지금 가령 F의 x에 관한 미계수를 계산해 보면

$$F'(x)=e^{-bT}-u^1(x)\frac{1-e^{-bT}}{b}$$

가 되므로 F'가 양 또는 음의 정부호인 것은 드물게밖에 생기지 않는다. 단조가 아닌 경우에는 이미 제1, 제2, 제3장에서 설명한 것과 같이 궤도 x_n은 카오스가 될 수 있다.

이것을 1957년에 카르만은 그의 논문에서 하나의 수치 예와 함께 '일반적으로는 샘플값계는 원래의 선형계와는 전혀 다른 랜덤계라고 생각해도 되는 움직임을 한다. 이 계를 기술하기 위해서는 확률론의 언어가 필요하다!'라고 말하고 있다. 카르만은 힌트로서 우리가 제1장에서 본 17쪽의 φ를 들고 있다.

(3) 수메르의 말굽역학계와 카오스

앞의 카르만의 연구보다 일찍 스트레인지 어트랙터 실험에서 얘기한 비선형진동의 연구는 수학자의 흥미를 끌었다. 많은 수학자 프리드릭스, 모저, 리틀우드, 카트라이트 들이 1940년대에서 1950년대에 걸쳐서 많은 연구를 하였다(실은 저자도 1952년경에 앞에서 얘기한 더핑의 방정식이나 판데어폴의 강제진동의 식의 주기해의 존재연구를 하였으므로 잘 기억하고 있다). 그 중에서 단지 하나 카트라이트와 리틀우드의 판데어폴의 방정식의 강제진동인 경우의 논문은 매우 난해하여 이해하기 어려웠다. 그러나 이것은 하나의 주기해의 존재뿐만 아니라 무한히 많은 주기해가 있다는 것을 나타냈다. 이 논문(1954년)을 잘 조사한 유명한 수학자 수메르는 1964년에 이 논법을 자세히 음미하여 2차원의 이산역학에서, 또한 위상동형인 사상(1대 1연속)으로 정의되고 더욱이 무한으로 많은 주기궤도를 가지는 예를 만들어 이 방면의 진보에 크게 기여하였다.

그 역학계의 이름을 말굽형 역학이라고 부른다. 여기에 대하여 설명한다. 앞에서 설명한 것과 같이 2차원의 이산역학계는 다음과 같은 식

$$x_{n+1} = F(x_n, y_n)$$
$$y_{n+1} = G(x_n, y_n) \quad (F, G \vdash x_n, y_n 의 연속함수)$$

로 정의되는데, 이 F, G를 다음과 같은 3개의 조작의 합성으로 정해지는 평면의 변환으로 정의한다. 이들은 모두 평면에서 평면에의 1대 1의 연속인 변환이다.

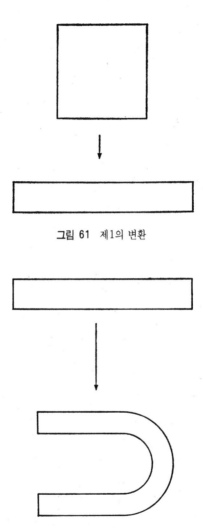

그림 61   제1의 변환

그림 62   제2의 변환

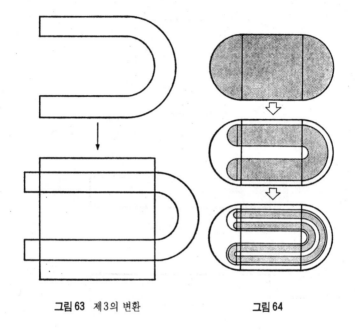

그림 63 제3의 변환   **그림 64**

제1의 변환 정사각형을 가는 테이프 모양으로 늘린다(그림 61).

제2의 변환 가는 테이프를 말굽 모양으로 구부린다(그림 62).

제3의 변환 이 말굽형의 것을 그림 63과 같이 원래의 정사각형에 겹친다.

이 어느 변환도 연속변형이며 마지막 그림에서도 정사각형과 말굽형은 1대 1 대응이다.

끝으로 정사각형에서 말굽형이 비어져 나온 것은 보기 좋지 않으므로, 처음에 정사각형에 반원을 양쪽에 붙여서 운동장 모양으로 해놓으면 크기는 전혀 문제로 삼지 않으므로 그림 64와 같이 원래의 정사각형도 그것과 연속 1대 1 대응으로 생긴 말굽형도 항상 이 운동장에 쏙 들어간다.

이것이 F와 G로 정해지는 변환이라고 한다. 이렇게 하면 이 변환을 다시 아무리 되풀이해도 이 운동장에서 비어져 나오지 않는다. F, G를 다시 한번 해보자. 즉 F, G의 변수 x, y에 F, G를 넣은

$$F(F, G), G(F, G)$$

가 정하는 사상이다.

이것을 되풀이해 가면 원래의 정사각형은 자꾸 매우 복잡한 도형으로 되어 간다. 그리고 앞에서 설명한 것같이 무한개의 주기점이 얻어진다. 이것은 마치 제1장에서 과자인 파이를 만드는 경우에 대해서 얘기했는데 그것과 비슷하며, 다만 이 경우는 원래의 재료를 한번도 뜯지 않고 섞어간다.

(4) 2차원 카오스의 수리(호모크리닉한 점)

수메르의 이 연구를 발단으로 하여 수학쪽에서는 이것을 일반화하는 연구가 1960년대에서 1970년대에 걸쳐서 많은 수학자에 의하여 이루어졌다. 이러한 흐름이 앞에서 본 생물이나 물리 및 공학 연구와 합류한 것이 1970년대 후반에서 현재에 걸쳐서이다.

여기서 조금 카오스의 수리 중 중요한 언어를 하나둘 쉽게 설명하겠다.

먼저 다시 한번 제1장에서 설명한 전형적인 카오스를 일으키는 이산역학계

$$x_{n+1} = \varphi(x_n)$$

$$\varphi(x) = \begin{cases} 2x & \left(0 \leq x \leq \dfrac{1}{2}\right) \\ 2(1-x) & \left(\dfrac{1}{2} \leq x \leq 1\right) \end{cases}$$

에 대하여 어떻게 하여 제1장에서 얘기한 카오스가 일어났는가를 좀 감각적으로 생각해 보자. 제1장에서 파이반죽 조작에서 본 것처럼 한정된 장소에 몇 겹으로 몇 겹으로 늘리고 접어서 무엇인가를 넣어두면 일어난다고 말할 수 있다.

그래서 식의 φ에 대해서 생각한다(그림 65).

먼저 제1로 이 φ의 그래프에서는 구간 [0, 1]에 있는 점 x는 사상 φ에 의하여 다시 같은 구간 [0, 1]로 옮겨진다. 따라서 이 φ를 몇 번 되풀이하여 대입하여도 언제나 구간 [0, 1]에서 나가는 일은 없다. 바꿔 말하면 x_n이 $0 \leq x_n \leq 1$을 만족할 때 $x_{n+1} = \varphi(x_n)$도 또한 $0 \leq x_{n+1} \leq 1$을 만족한다. x_n이라는 수열(궤도)은 언제나 이 구간을 튀어나가지 않는다.

한편, 그림 66에서 보는 것과 같이 이 사상은 작은 구간이 2배의 크기로 늘어난다($\dfrac{1}{2}$을 포함한 구간만 예외로 늘어나지 않는다).

즉 A′B′는 AB의 이 사상에 의한 상이어서 2배의 길이가 되어 있다. 물론 $\dfrac{2}{3}$의 점은 이 사상의 부동점이어서 그 주위에 선분 AB는 2배의 길이의 A′B′로 확대되므로 이 부동점은 확대적 부동점이라고 부른다.

이렇게 사상이 확대이고, 또한 처음에 얘기한 것처럼 1개의 구간 [0, 1]에 언제나 닫쳐 있기 때문에 카오스가 일어난다. 이것이 만일 확대라는 성질만이었다면 카오스는 절대로 일어나지 않는다. 카오스가 일어나는 것은 φ가 비선형으로 그래프가 산형으로 구부러져 있다는 것이 중요하였다. 선형에서는 이런 일은 절대로 일어나

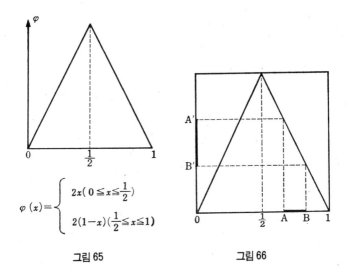

$$\varphi(x)=\begin{cases}2x\,(\,0\leqq x\leqq\dfrac{1}{2})\\[2mm]2(1-x)\,(\dfrac{1}{2}\leqq x\leqq1)\end{cases}$$

그림 65   그림 66

지 않는 것을 알게 될 것이다.

다음에 2차원이다. 2차원의 이산역학계는 이 장에서도 여러 가지 장면에서 나타났다. 특히 이 절에서 설명한 역학계는 1대 7 연속 (위상동형이라고 불린다) 사상을 사용하였다.

2차원에서는 1차원에서는 나타나지 않았던 부동점이 나타나서 그것이 2개조가 되면 궤도는 매우 복잡해지는 것을 이미 푸앵카레가 그의 1890년대의 논문에서 주목하였다. 그러한 부동점을 쌍곡형 부동점이라고 부른다. 이에 대해서 설명한다.

2차원의 부동점 가까운 궤도 상태는 그 점을 포함하는 어떤 하나의 방향에서는 확대이고, 또 그것과 접하지 않는 다른 방향에서는 축소라는 새로운 현상이 나타난다. 그림 67에서 보인 것과 같다. 화살표는 축소와 확대의 방향이다.

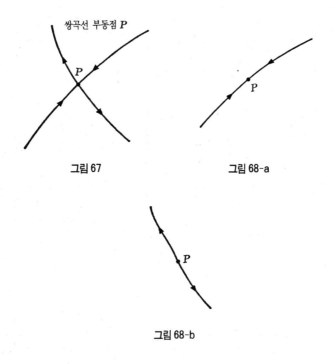

그림 67

그림 68-a

그림 68-b

　여기서 그림 68-a의 P를 지나는 선은 P의 안정다양체라고 불리며, 이 선상을 P_n(이 이산역학계의 궤도의 점)이 P에 가까워지는 곡선이며, 또 그림 68-b는 P의 불안정다양체라고 불리며, 그 의미는 그 선상을 P_n이 멀어져 있는 곡선이라는 것이다.

　그런데 어떤 경우에 부동점 P의 안정다양체와 불안정다양체가 횡단적으로(접하여 공통의 접선을 가지는 일없이) 교차되는 일이 있다(그림 69). 이때 그림의 H는 호모크리닉점(동질이중점근점)이라고 부른다.

이러한 상황이 하나라도 일어나면 궤도가 복잡한 양상을 나타내는 것이 이미 천문학에서의 이른바 삼체문제 연구에서 푸앵카레가 주목하였다.

이 그림에서 P와 H를 포함하는 안정다양체의 호부분을 중심선으로 하는 직사각형 영역 R를 생각하면 P 가까이에서는 축소되어 정사각형이 된다. 한편 불안정다양체 쪽에서는 이 P의 주위의 정사각형은 불안정다양체에 따라서 가늘게 늘어난다. 그리고 원래대로 H 및 P에서 R와 교차한다. 이것은 앞에서 말굽형 역학에서 본 것과 같다. 실제로 역사적으로는 동질이중 점근점 쪽이 빠르지만 이 수메르의 말굽형 역학계와 같은 것이다.

(5) 수치해석에서의 카오스

수치해법이란 미분방정식, 예를 들면 제2장에서 설명한 로버트 메이가 로지스틱 방정식

(A) $\dfrac{dx}{dt} = x(1-x)$

에 대하여 차분법

$\dfrac{x_{n+1} - x_n}{\Delta t} = x_n(1-x_n)$

를 사용하여 x_n을 차례차례로 x_0(초기값)로부터 계산한 것같이 미분방정식에서 시간간격 폭 Δt의 정수배 $n\Delta t$에서의 값을 미분방정식에 있어서

$\dfrac{dx}{dt}$

를 차분 몫

122

그림 69

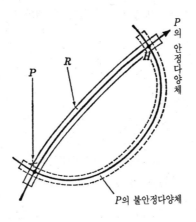

그림 70

$$\frac{x_{n+1}-x_n}{\varDelta t}$$

로 바꿔놓고 초기값 x_0에서 차례차례로 x_n을 계산해 간다. 이 로지스틱의 경우에는 따로 56쪽에서 보인 것과 같이 미분방정식을 푸는 것은 초등적인 부정적분을 사용하여 할 수 있으므로 이러한 수치해법을 보통으로는 사용할 필요는 없는데, 더욱 복잡한 미분방정식이나 연립 미분방정식의 경우에는 제2장의 앞부분에서의 해법은 사용할 수 없다. 근사이지만 적당한 차분화를 한 방정식에서 수치해법을 때로는 계산기를 사용하여 실행한다. 이미 제2장의 로버트 메이의 수치실험에서 본 것과 같이 로지스틱의 경우에도 68쪽과 같은 차분식, 지금 N을 x, r와 K를 1로 잡으면

(A′) $x_{n+1}-x_n=\varDelta t x_n(1-x_n)$

즉

$$x_{n+1}=\{(1+\varDelta t)-\varDelta t x_n\}x_n$$

이라는 차분식으로 풀어가면 $1+4t$가 앞의 파라미터 a에 해당하므로 이것이 4에 가까운, 즉 $\varDelta t$가 2.57보다 크고 3이나 또는 3에 가까울 때, 원래의 A의 해와는 전혀 모양이 다른 해가 생기는 것을 보았다. 고쳐 말하면 방정식 (A)의 근사는 (A′)이지만 $\varDelta t$를 이렇게 크게 잡으면 카오스가 일어났다.

이것은 로지스틱의 방정식만이 아니고 더 일반적인 자율적 방정식

(B) $\dfrac{dx}{dt}=f(x)$

에 대하여 오일러의 차분화

(B′) $\dfrac{y_{n+1}-y_n}{\varDelta t}=f(y_n)$

을 잡았을 때, Δt가 충분히 크면, 역시 언제나 리-요크의 의미의 카오스가 되는 것을 저자 및 마타노(俣野博), 하타(畑政義)가 연구하였다.

더 재미있는 것은 로지스틱에서 이 오일러의 차분화 (B′) 대신에 $\dfrac{dx}{dt}$를

$$\frac{x_{n+1}-x_{n-1}}{2\Delta t}$$

로 바꿔놓고

$$(A'')\begin{cases} \dfrac{x_{n+1}-x_{n-1}}{2\Delta t}=x_n(1-x_n) \\ x_1=x_0+\Delta t\,x_0(1-x_0) \end{cases}$$

을 사용하여 하는 수치해법이며, 이때 그림 72에 보인 것과 같이 기묘한 움직임을 한다.

참고로 (A)의 로지스틱의 방정식의 해를 그림 71에 보인다.

이 차분법은 매우 정확하다고 알려졌는데, 이렇게 이상한 움직임을 한다. 즉 처음에 초기값에서 나와서 잠시는 미분방정식 A의 해를 거의 정확하게 나타내는데 1의 값에 가까워지는데 따라서 갑자기 진동이 일어나 진동 중심이 아래로 내려가서 다시 0 가까운 곳에서 증가하는 매끄러운 곡선이 된다. 이때 미분방정식의 해를 평행이동한 것을 정확하게 나타내며 다시 1에 가까워지면 진동이 일어난다.

더 흥미깊은 것은 이 현상은 Δt가 아무리 작아도 일어나는 일이다. 또한 이것은 1980년에 필자와 우시키(宇敷重廣) 씨의 연구 및 우시키 씨의 연구로 수학적으로 엄밀하게 증명되었다.

이렇게 수치해법과 카오스는 밀접한 관계로 결부되어 있다.

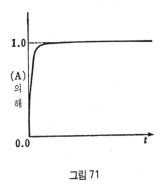

그림 71

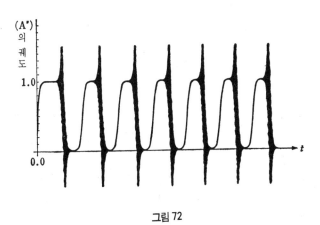

그림 72

그 후 이 방면의 연구는 여러 가지 차분법에 대해서 시도되어 하타, 파이트겐 등이 추적하였다.

(6) 카오스의 예언

제2장에서 설명한 로버트 메이의 수치실험에서 파라미터 a가 3 이하의 경우에는 초기값 x_0가 0과 1 사이의 어떤 값이라도 x_n을 $1-\dfrac{1}{a}$에 수렴되므로 이것은 예측이 가능하다. 한편 a가 a_c $=3.57\cdots\cdots$ 이상이 되면 초기값의 미소한 차가 x_n이고 n이 무한히 커지면 그 행동에 큰 차가 생겨 예측할 수 없게 된다. 이것이 카오스가 카오스인 까닭이다. 그럼에도 불구하고 전혀 다른 의미에서 '카오스가 일어난다'는 것에 대해서 예언할 수 있다. 이것은 1982년에 생태학자 반데르메어가 지적하였다. 이에 대해서 교토 (京都) 대학의 기노우에(木上淳)가 수학적으로도 검토하였는데 그에 대하여 소개한다. 어떤 의미의 예언인가?

나무가 흩뿌리는 종자를 먹는 곤충의 개체수의 해에 따른 변화를 기술하는 모델로서 역시 로버트 메이가 다음과 같은 식을 제안하고 있다. x_n은 제n년째의 개체수로서

$$x_{n+1}=f(x_n)=abx_n e^{-bx_n/m}$$

여기서 a는 삼아남기율이라고 불리는 양의 상수이며 bx_n/m은 개체수 x_n인 때의 종자 1개당의 알의 수의 평균개수로서(m은 종자의 전수) 그래프를 다음에 보인다. 이 그래프를 보면 알 수 있는 것처럼 x_n이 대단히 커지는 것을 허용하고 있다. 그러나 앞의 메이 때와 다른 것은 일단 개체수 x_n이 대단히 커진 다음해 x_{n+1}은 대단히 개체수가 작아지는 것도 나타내고 있다.

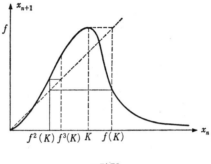

그림 73

작아진 x_{n+1}에 대해서는 x_{n+2}도 작아서 몇 년인가 후에 처음으로 앞의 x_n과 같은 피크에 도달한다. 이것을 좀더 정확하게 설명하기 위해서는 그림 73을 보기 바란다.

이 그림에서 K는 f가 피크값 $f(K)$에 도달했을 때의 x_n값을 나타낸다. 이것을 파풀레이션 플래시(개체수 급증)값이라고 한다. 그때의 파풀레이션(개체수)은 $f(K)$이다. 지금 $f(K)$라는 x_n의 값에서 출발하여 되풀이하여 대입을 계속하면 $f^2(K)$의 값은 K보다 작아진다. $f^3(K)$에서도 또한 K보다 작고, $f^4(K)$가 되어 비로소 K보다 커진다. 이 4라는 수와 같이 $f(K)$라는 파풀레이션 플래시가 일어나 그 후 몇 년으로 다시 K를 남은 수, 즉 처음으로 $f^{m+1}(K)$가 K를 넘을 때의 수 m을 체재시간(반데르메어는 이 $m-1$쪽을 time of rarity 인구회박 시간이라고 불렀다)이라고 부른다.

이렇게 하면 반데르메어가 주장하는 것은 이 체재시간 m을 $f(K)$ 값에서 될 수 있는 대로 정확하게 예언할 수 있게 되기 위해서는 피크값이 크고 카오스로서의 복잡함을 정도가 높으면 항상

가능하다고 했다. 이것을 기노우에 씨는 함수 $f(K)$ 주위에 작은 흔들림이 있는 경우도 포함하여 이런 의미에서의 예언의 정확함과 카오스가 가진 엔트로피(카오스의 복잡함을 나타내는 양이며 나중에 설명한다)와의 관계도 수학적으로 밝혔다. 즉 엔트로피의 높은 쪽이 파퓰레이션 플래시가 일어나기 전의 체재시간을 보다 정확하게 예언할 수 있다는 것이다. 이것은 흥미로운 일이며 나무의 종자를 먹고 늘어나는 곤충이 다수 발생하는 해가 있고 이 해로부터 수년 동안은 곤충의 개체수는 그렇게 크지 않다. 그로부터 몇 년 지나 다시 재발생(파퓰레이션 플래시)이 일어나는가를 예언할 수 있을 가능성은 다이내믹이 카오스적이면 일수록 보다 정확하게 예언할 수 있다고 한다. '폭풍전의 고요함'이라는 말이 있는데 고요함의 시간을 예언할 수 있으면 폭풍도 예언할 수 있다. 또한 이 모델에서는 매년 뿌려지는 나무 종자의 양은 일정이라는 가정으로 성립되고 있는 것은 주목해야 한다. 즉 식물 쪽에는 변화가 없어도 일어난다.

(7) 이산역학계의 엔트로피

'제멋대로'의 정도를 재는 척도로서 엔트로피가 있다.

지금까지 설명해 온 것과 같이 랜덤을 결정론적인 역학계에서 실현할 수 있으므로 이것에도 엔트로피를 정의할 수 있다. 그러기 위해서는 1차원 이산역학계 f 에 랩수라는 수를 대응시킨다.

랩수란 지금 역학계가 구간 $[0, 1]$ 에서 정의될 때, f 의 그래프에 몇 가지 단조증가 또는 단조감소한 구간이 있는가 하는 수 $l(f)$ 이며 산형의, 예를 들면 φ 이면 $l(\varphi)=2$ 이다. 따라서 대입을 되풀이해 가면 f^n 의 랩수 $l(f^n)$ 은 훨씬 많아진다. 예를 들면 $l(\varphi^n)=$

2^n이다. 이것을 사용하면 f의 엔트로피는 다음 극한으로 정의된다.

$$f \text{의 엔트로피} \qquad \text{ent}(f) = \lim \frac{1}{n} \log \ell \, (f^n)$$

예를 들면 $\text{ent}(\varphi) = \lim_{n \to \infty} \frac{1}{n} \log 2^n = \log 2$ 이다.

제 5 장

카오스에서 프랙털로

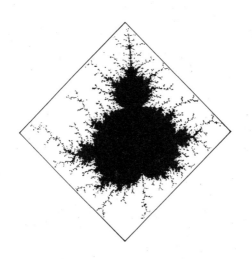

(1) 뉴턴의 틀을 넘는다

앞장에서 미분몫 $\dfrac{dx}{dt}$를 차분몫 $\dfrac{\varDelta x}{\varDelta t}$로 바꿔놓으면 엉뚱한 일이 비선형에서는 일어난다는 것을 보였다.

그러나 보통으로는 $\varDelta x$나 $\varDelta t$가 작을 때, 그 대신에 dx나 dt를 사용하면 이해하고 있는 사람도 많지 않을까?

어디가 이상한가? 이러한 생각은 뉴턴이 시작했음에 틀림없는데 뉴턴의 어디가 잘못되었는가?

뉴턴이 잘못된 것이 아니고 뉴턴에의 이해가 잘못되었다.

지금 뉴턴이 미분점을 시작한 의도를 현대적인 함수의 개념을 사용하면 다음과 같이 된다.

'연속적으로 변화하는 변수 t의 함수 $f(t)$가 있고, 이것도 t와 더불어 연속적으로 변화하는 것이라고 하자. 바꿔 말하면

$$\varDelta t(t)=f(t+\varDelta t)-f(t)$$

는 $\varDelta t$가 한없이 작아지면 마찬가지로 한없이 작아진다고 가정하자(이때 함수는 t이며 연속이라고 한다). 그때에 비

$$\dfrac{\varDelta f(t)}{\varDelta t}$$

가 t를 일정으로 하여 $\varDelta t$를 한없이 작게 하면 하나의 값에 가까워진다.

이런 일이 가능한 $f(t)$를 고찰의 대상으로 하자.'

이것이 뉴턴이 300년 전에 제안한 것이다.

수학이나 물리나 그 밖의 학문도 대략 이 제안을 받아들여 300

년간 해왔다고 하겠다. 바꿔 말하면, 앞의 뉴턴의 제안을 만족하는 함수만을 생각하는 풍습으로 되어 있었다. 이것은 연속함수에 다시 조건이 붙은 좁은 부문이다. 이러한 함수는 t이며 미분가능한 함수라고 하며, 또한 모든 t에서 미분가능한 함수를 단지 미분가능한 함수라고 불렀다. 그 시기에는 미분불가능한 함수는 물리 등에는 전혀 나타나지 않았다.

그런데 100년쯤 전에 바이에르슈트라우스라는 학자가 처음으로 연속이지만 모든 점에서 미분불가능한 함수의 식(무한급수)을 발견하였다. 이것은 그다지 물리학자들의 주의를 끌지 못했다. 그 당시는 함수가 연속이면 미분가능해서 당연하다고 생각되었던 것이다. 또 바이에르슈트라우스의 예는 논리적으로는 올바른지 몰라도 실제로는 물리학에서 나타나는 함수에 그런 이상적이고 병리적이라고도 할 수 있는 함수가 나타날 수 없다고 하여 왔다. 다만 예외가 있었는데 프랑스의 물리학자 장 페랭과 지구물리학자인 리처드슨이었다. 후자는 대기 확산의 문제를 깊이 생각한 사람인데, 1925년의 논문에서 '바람 입자에는 속도(즉 변위를 시간 t의 함수 $x(t)$로서 속도 $\frac{dx}{dt}$)는 생각할 수 없다! 그것은 마치 바이에르슈트라우스의 함수와 같은 것이다'라고 했다.

실은 바이에르슈트라우스 이래 100년, 물리학에 있어서 관측기술의 장족의 진보와 그 데이터를 정리하기 위한 전자계산기의 기술이 가까스로 이러한 묘한 함수와 비슷한 것을 데이터로서 세계에 보여주게 됨과 더불어, 이들 함수는 병리적이 아니고 오히려 세상에는 이런 것은 아주 많이 있다는 것이 인식되어 왔다.

여기서 간단히 만들 수 있는 이러한 함수에 대해서 설명한다. 실은 제2장에 설명한 카오스적 이산역학계 $\varphi(x)$를 사용하여 만들 수 있다.

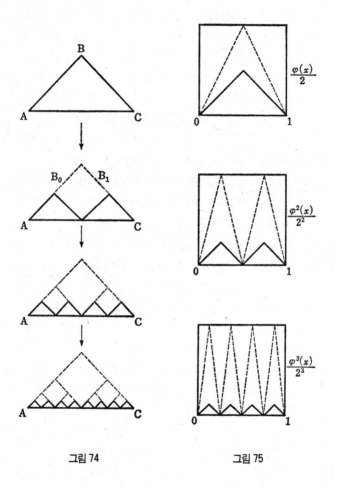

그림 74   그림 75

예전에는 흔히 다음과 같은 패러독스처럼 보이는 퍼즐이 주어진 일이 있다.

'이등변삼각형의 2변의 길이의 합과 밑변의 길이는 같다'

증명?

그림 74와 같이 차례차례 작도해 간다.

이 조작 도중에서 밑변 위에 있는 지그재그의 꺾은 선 길이는 항상 AB와 BC를 합친 길이이다. 한편 이 조작을 무한히 계속하면 지그재그선의 높이는 얼마든지 작아져서 밑변과 구별이 되지 않는다. 그렇게 되면 밑변의 길이와 일치한다.

이것이 흔히 있는 수학 퍼즐의 논법이다. 어디가 잘못되어 있는가? 하나하나의 단계에서의 꺾인선을 C_n이라고 하면 도형으로서 C_n의 극한은 밑변의 AB인데, 그 길이를 $L(C_n)$이라고 적기로 하면 $L(C_n)$은 아무리 n이 커도 항상 AB+BC와 같다. 따라서 그 극한도 AB+BC이고 AC와는 다르다.

실은 제2장에서 설명한 $\varphi(x)$에 대해서 $\dfrac{\varphi(x)}{2}$, $\dfrac{\varphi^2(x)}{2}$, $\dfrac{\varphi^3(x)}{2^3}$ 로 차례차례 만들어서 그 그래프를 그림 75에 보인다.

이것은 앞에서 그림 74에서 본 것과 같은 것이다. 이것을 이번에는 차례차례 더하여 하나의 함수 $T(x)$를 만든다. 즉

$$T(x) = \frac{\varphi(x)}{2} + \frac{\varphi^2(x)}{2^2} + \frac{\varphi^3(x)}{2^3} + \cdots\cdots$$

이 함수는 연속함수이며 또한 어디서든지 미분할 수 없다는 것은 이미 1903년에 일본의 다카기(高木貞治)가 보였다.

다카기의 함수가 뉴턴의 틀에 들어가지 않는다는 것은 다음과 같이

$$T\left(\frac{i+1}{2^k}\right) - T\left(\frac{i}{2^k}\right) \quad \frac{1}{2^k} = P_{k,\,i}$$

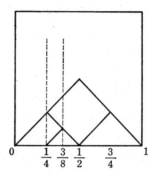

$$P_{k,2^{k-1}}$$

$$P_{1,1} = +1$$

$$P_{2,2} = +1 + (-1) = 0$$

$$P_{3,2^2} = +1 - 2 = -1$$

$$P_{4,2^3} = +1 - 1 - 1 - 1 = -2$$

그림 76

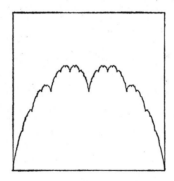

그림 77　다카기 함수

를 k가 커진 때를 조사하면 되는데, 그림 76에서 보면 $k=1$, 2, 3, 4 정도에서 보아도 그 모양을 알 수 있다. $i=2^{k-1}$로서 보면 그림 76과 같이 k의 값이 커졌을 때에 $P_{k,i}$는 홀수, 짝수로 혼들려서 도 저히 하나의 수로 수렴할 것 같지 않다. 이 다카기의 함수는 일반 적 일본 이외의 수학자 세계에서는 알려지지 않았다. 따라서 훨씬 후에 판데아바르덴이라는 유명한 학자가 다카기의 연구를 모르고 거의 같은 것을 1928년에 공포하였다. 이 함수 $T(x)$가 모든 x에 서 미분불가능하다는 것을 수학적으로 보이는 것은 그다지 어렵지 않은데 여기서는 그만둔다.

실은 이러한 생각은 1875년에 바이에르슈트라우스가 발견하였 다. 역시 연속이고 또한 미분불가능한 함수도 실은 다카기의 함수 와 마찬가지로 표현할 수 있는 것은 저자들이 발견하였다. 이 경우 에 이 함수를 생성하는 이산역학계는 실은 로버트 메이의 실험인 경우의 f_a에서 a가 4인 때, 즉

$$f_4(x)=4x(1-x)$$

이다. 이 함수를 $W(x)$라고 쓰고 앞의 $T(x)$와 함께 그 그래프를 보인다.

이 두 가지 다 앞에서 설명한 구성법이 1단계 진행될 때마다 그 래프의 잘록한 부분이 가늘게 되어가는 것 같다.

비슷한 그래프는 바이에르슈트라우스가 이런 함수를 발견한 직 후인 1890년에 판 코흐가 그림 79와 같은 곡선을 만들었다.

(2) 프랙털

최근에는 만델브로가 자연의 해안선이나 수목의 모양, 강의 모양

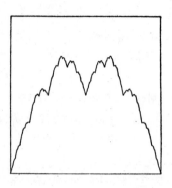

그림 78 바이에르슈트라우스 함수

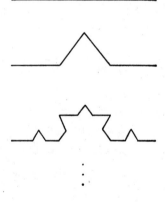

그림 79 코흐의 곡선

등을 시뮬레이트하기 위한 하나의 수학적 이상화로서의 프랙털이라는 개념을 제안하였다. 이것은 낡은 수학, 즉 앞에서 얘기한 19세기말에서 20세기초에 연구된 바이에르슈트라우스의 함수, 코흐의 곡선, 페아노 곡선 등을 포함하는 것으로 제안하였다.

프랙털이라는 이름의 유래는 프랙션(fraction)=분수라는 말에서 유래하며 보통의 도형차원은 1과 2라든가 3이라든가 하는 자연수이지만, 예를 들면 앞에서 설명한 코흐 곡선의 나중에 조금 자세히 설명하는 하우스돌프 차원(최근에는 프랙털 차원이라고도 한다)이 1.36……라는 식으로 정수가 아닌 데서 이름이 붙여졌으며 보통의 차원을 위상차원이라고 부르는데 하우스돌프 차원이 위상차원보다 높은 것을 프랙털이라고 부른다. 코흐 곡선은 위상차원이 1이고 프랙털 차원은 $\log4/\log3 = 1.36$……이다.

(3) 2개 이상의 축소에 의한 자기상사

또 하나의 프랙털 도형의 특징을 설명하면 그것은 자기상사라고 부르는 것이다. 자기상사란 어떤 도형의 부분이 전체 도형의 축소된 상이 되어 있는 것으로 세상에 있는 복잡한 것 중에는 이런 특징을 가진 것이 수많이 존재한다. 수학에서 말하면, 이 장의 첫머리에서 설명한 다카기 함수도 그렇고, 코흐 곡선도 그렇다.

그것을 다시 한번 그림 80, 81에 보인다.

더 친근한 예로 보인다. 그것은 큰 그릇에 차례차례 작은 그릇이 들어가는 구조이다. 전형적인 구조는 그림 82와 같은 것이며(그림은 옛소련의 민속기구), 또 일본에서도 달마인형 속에 달마인형이 있고 다시 그 속에 달마인형이 있는 것이 있다.

또하나 재미있는 구조가 있다. 프랑스의 상자들이 치즈에 "La

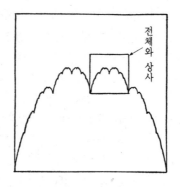

그림 80 다카기 함수

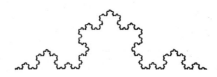

그림 81 코흐의 곡선(전체와 상사)

vache qui rit", 바쉬퀴리(웃는 소)라는 것인데, 상자에 붙인 상표에는 소가 웃고 있는 그림이 그려 있다. 그런데 그 그림의 소는 한쪽 귀에 귀고리를 달고 있다. 그 귀고리에는 작게 축소한 바쉬퀴리 치즈 상자가 그려져 있다(그림 83). 앞으로 보고 있는 작은 상자의 표면 상표에는 다시 소가 귀고리를 단 것이 그려져 있다. 그 속에는 ……로 무한히 계속되는 소그림의 열을 상상할 수 있다(실제로는 2회 정도밖에 그릴 수 없다).

　이런 것은 어느 것이나 하나의 도형의 축소를 그 자신 속에 포함

그림 83

그림 82 차례로 들어가는 그릇

하며, 이것을 자기상사한 도형이라고 부른다. 실제로 그리는 작업은 유한회밖에 그리지 못하지만, 수학적으로는 자기자신의 축소물을 포함하고 있다는 것만으로 그 축소물은 무한개가 서로 이어져 포함되게 된다. 물론 이들 축소물은 자꾸 작아지므로 지금까지 설명한 예에서는 어디선가 한 점에서 수렴된다.

그러나 그렇지 않은 자기상사형도 있다.

예를 들면 앞에서 얘기한 프랑스 치즈의 상자들이 바쉬퀴리의 상표인데, 이것은 대략 30년 전에 파리에서 판매된 바쉬퀴리이다. 현재도 판매되고 있으나 상표는 조금 달라졌다. 그렇지만 조금 바뀌었고, 소는 한쪽 귀만 아니고 두 귀에 바쉬퀴리의 귀고리를 달고 있다.

실은 이것은 큰 차이이다.

곧 알게 되는 것은 축소된 미니어추어의 열은 한 점에 수렴되치 않는다. 그것은 소의 경우로 말하면 2개의 귀고리에 매달린 바쉬퀴리의 작은 상표에는 또 다시 작은 것이 2두 들어 있다(그림 84).

이것은 가장 간단한 도형으로 말하면 귀고리 1개인 때는 그림 85에 해당하며, 2개인 때는 그림 86이며 결코 한 점에 수렴되지 않는다.

더 간단하게 1차원의 선분으로 말하면 그림 87이며, 더욱 간단한 것으로 보이면 코흐의 곡선인 때의 기초가 된다(그림 88).

이것을 칸토어의 집합이라고 부른다. 이 마지막 집합은 그림 89와 같은 2개의 함수 그래프를 사용하여 만들 수 있다.

f_0, f_1은 축소사상으로 부동점은 각각 0과 1이다.

지금 구간 $[0, 1]$의 f_0, f_1에 의한 상이 어떻게 되는가 조사하면 그림 90과 같이 된다고 생각된다.

지금 구간 $[0, 1]$을 I라고 적고 다음 조작으로 차례차례 집합을 만들어간다.

$$G(I) = f_0(I) \cup f_1(I) \qquad (\cup 는 \ 합병)$$
$$G^2(I) = f_0(f_0(I) \cup f_1(I)) \cup f_1(f_0(I) \cup f_1(I))$$
$$= f_0 \circ f_0(I) \cup f_0 \circ f_1(I) \cup f_1 \circ f_0(I) \cup f_1 \circ f_1(I)$$

그렇게 하면 이 조작은 앞에서 얘기한 1개의 선분에서 가운데 3분의 1을 제거하여 다음에 나머지 2개의 선분에서 3분의 1을 각각

그림 84

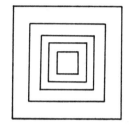

그림 85

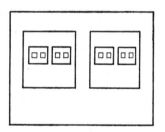

그림 86

잡을 수 있다는 조작에 다름없다. 그래서

$G^n(I)$의 극한

$$\lim_{n \to \infty} G^n(I) = C$$

라고 놓으면 C는 다음 방정식을 만족하는 집합이다.

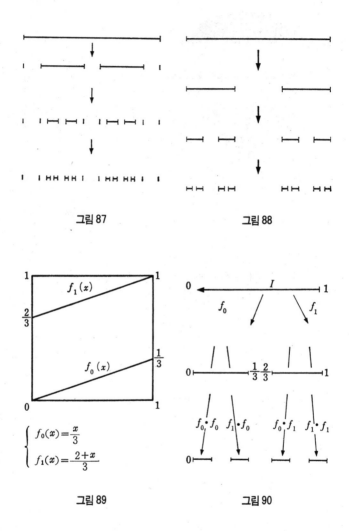

그림 87

그림 88

$$\begin{cases} f_0(x) = \dfrac{x}{3} \\ f_1(x) = \dfrac{2+x}{3} \end{cases}$$

그림 89

그림 90

$$C = f_0(C) \cup f_1(C) = G(C)$$

문장으로 말하면 '전체가 그 몇 가치인가의 축소상으로 성립되어 있다'고 표현할 수 있다.

만일 바쉬퀴리의 소 귀고리가 하나라고 하면 축소사상은 f_0이나 f_1의 어느 하나가 되어버려 C는 한 점이 되는데, 지금 f_0과 f_1은 어느 쪽이나 축소사상인데 부동점(축소의 중심)이 0과 1이어서 서로 다르다. 따라서 C는 한 점이 아니다. C를 칸토어의 3진집합이라고 한다.

여기서 다시 한번 복습하면 칸토어의 3진집합을 축소사상 f_0, f_1의 합성을 사용하여 만들어낸 것이다.

이 f_0, f_1에 대해서 잠시 생각해 보자. 실은 그림 91과 같은 그래프가 되는 1가 함수 f를 생각해 본다.

즉 이 1가 함수의 역함수가 앞에서 얘기한 2가의 함수 f_0, f_1의 짝이다.

여기서 제1장에서 설명한 랜덤한 수열을 만드는 이치를 다시 한번 생각해 보자. 지금 구간 $[0, \frac{1}{3}]$을 A, $[\frac{1}{3}, \frac{2}{3}]$을 O, $[\frac{2}{3}, 1]$을 B라고 적기로 하면, 제2장 때와 마찬가지로 A, O, B의 3종류의 심볼의 열을 생각할 수 있고, 또한 제3장 때의 같은 조건

$$f(A) \supset A \cup O \cup B$$
$$f(B) \supset A \cup O \cup B$$

이 성립된다. 이것은 제1장의 (4)에서 설명한 것을 조금 수정하여 A, O, B라는 3개의 심볼의 열을 생각한다. 여기서는 조금 사정이 다른 것은 가운데의 O라는 구간이다. x_0이라는 초기값에서 역학계

$$x_{n+1} = f(x_n)$$

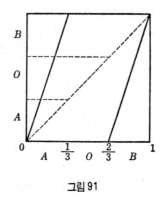

그림 91

의 궤도를 만들어가면 곧 알 수 있는 것은 x_0이 O의 부분에 있으면 x_1도 x_2도 모두 O이 된다. 이것은 x_0이 구간 $[0, \frac{1}{3}]$의 중앙의 $\frac{1}{3}$부분에 있어서도 같고, 결국 처음에 구간 $[0, 1]$의 가운데 3분의 1, 다음에 남은 양쪽의 3분의 1의 구간의 가운데 3분의 1, 다음에 그 나머지 3분의 1로 자꾸 자꾸 x_n의 몇 번째인가는 O의 구간에 들어가는 부분이 생긴다. 그런 부분을 모두 제거한 나머지는 145쪽에 설명한 칸토어의 3진집합이다. 따라서 이 역학계를 C, 즉 칸토어의 3진집합만을 생각하기로 하면 제1장 (4)에서 얘기한 ψ, 다음 그림 92의 그래프로 나타낼 수 있는 것과 같이 역시 제1장 (4)에서 설명한 의미에서의 랜덤을 만들어내는 결정론적인 이산역학계가 된다.

그래서 이산역학계의 역과정을 생각해 보자.

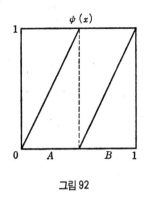

그림 92

(4) 카오스의 역과정

제1장 (4)에서 얘기한 카오스적 역학계에서는

(*) $\omega_0, \omega_1, \omega_2\cdots\cdots\omega_n\cdots\cdots$

을 주었을 때

$$x_{n+1}=\varphi(x_n)$$
$$x_{n+1}=\psi(x_n)$$

에 대하여 x_0를 구하고 그것이 정해지는 x_n의 모든 것에 대하여

$$x_n\in\omega_n$$

이 성립되는 것이 증명되었다.

여기서 이 문제를 더 적극적으로 풀어 보자. (*) 즉

$$\omega_0, \omega_1, \omega_2\cdots\cdots$$

가 주어졌을 때, x_0가 존재하게 되는데, 이 x_0을 ω_0, ω_1, ω_2……의 함수로서 결정되지 않는가 하는 문제이다. 이것을 생각해 보자. 먼저 유한인 경우에서 시작한다. 다음의 간단한 경우에 대해서 알아보자. 제1장에서 두번째에 본 $\psi(x)$의 경우이다.

앞에서 A, B라는 기호로 적은 것을 여기서는 0과 1이라는 기호로 변경한다. 따라서 ω_i는 0 또는 1의 어느 쪽이며 그의 유한열 ω_0, ω_1, ω_2……ω_n을 생각한다. n을 1로서 보면 아주 분명하다. 즉 ω_0, ω_1이 주어져서 x_0을 정하고

$$x_0 \in \omega_0, \qquad x_1 = \psi(x_0) \in \omega_1$$

이 되도록 x_0을 정하는 데는, 지금 $\omega_0 = 0$, $\omega_1 = 1$이라고 하면 p를 구간 $[0, 1]$의 임의의 점으로 하여 142쪽의 f_0, f_1을 사용하면 f_0, f_1은 ψ의 역함수이다!

$$x_0 = f_0 \circ f_1(p) \quad (f_0 \circ f_1(p) \text{는} \quad f_0(f_1(p))),$$

이것은 항상

$$x_0 \in \omega_0 = 0, \quad x_1 = \psi(x_0) = \psi_0 f_0 \circ f_1(p) = f_1(p) \in 1 = \omega_1$$

이렇게 ω_0이 0이고 ω_1이 1인 때는 목적을 이루었다. ω_0, ω_1의 가능성은 0과 0, 1과 0, 1과 1로 더 세 가지가 있는데, 항상 $f\omega_0$과 $f\omega_1$을 사용하여 임의의 p에 대하여

$$x_0 = f\omega_0 \circ f\omega_1(p), \quad x_1 = f\omega_1(p)$$

라고 잡으면 되는 것이 분명하다. 지금 n이 1인 때를 보였는데, 일반적인 때에도

$$\omega_0, \omega_1, \omega_2, \cdots\cdots, \omega_n$$

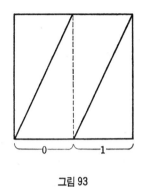

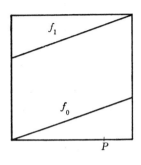

그림 93   그림 94

가 주었을 때, x_0을 찾아내어

$$x_0 = \psi^i(x_0) \in \omega_i \quad i = 0, 1, \cdots\cdots, n$$

로 하기 위해서는 [0, 1]구간의 임의의 점 p를 잡고

$$x_0 = f\omega_0 \circ f\omega_1 \circ \cdots\cdots \circ f\omega_n$$

이라고 놓으면 해답이 되는 것은 상상할 수 있을 것이다.

여기서 $f\omega_1$은 모두 축소사상이었던 것을 주의하여 둔다.

즉 여러 가지 종류의 축소(축소중심이 모두 다른)를 합성하여 새로운 축소사상을 만든다. 하나의 축소사상을 몇 회나 합성하여 새로운 축소를 생각하는 것은 지금까지의 수학에 잘 사용된 것이지만, 이렇게 축소라도 그 중심이 다른 사상을 합성하는 것은 지금까지의 수학에서 그다지 다루어지지 않았다.

n을 무한대로 하였을 때를 해결해 보자. 그것은 쉽게 상상할 수 있겠지만 다음과 같은 극한을 가지고 하면 된다.

문제의

(*) $\omega_0, \omega_1, \omega_2, \cdots\cdots, \omega_n, \cdots\cdots$

가 주었을 때

$$x_n = \psi^n(x_0) \in \omega_n$$

이 모든 n에 대하여 성립하도록 x_0을 구하는 것이 문제였다. 답은 p를 구간 [0, 1]의 임의의 점으로서 유한의 경우와 같이

$$\lim_{n \to +\infty} f\omega_0 \circ f\omega_1 \circ \cdots\cdots \circ f\omega_n(p)$$

를 생각하면, 이것은 p의 값에 의하지 않는 하나의 점에 수렴된다. 이것이 구하는 x_0이다. x_0은

(*) $\omega_0, \omega_1, \omega_2, \cdots\cdots, \omega_n \cdots\cdots$

이 주어지면 결정된다.

　그래서 (*)을 0과 1의 모든 무한열에 대하여 주어지면 x_0가 여러 가지로 변하는데 그것은 구간 [0, 1]을 모두 매운다. 또한 이 구간을 I라고 하면

$$I = f_0(I) \cup f_1(I)$$

이라는 145쪽의 칸토어 집합 C와 같은 식을 만족한다. I는 f_0, f_1에 의한(이 절의 f_0, f_1) 자기상사 집합이다. 이것에서 되돌아 보면 칸토어 집합 C는 142쪽의 f_0, f_1에 대하여 역시 앞의 극한

$$x_0 = \lim_{n \to \infty} f\omega_0 \circ f\omega_1 \circ \cdots\cdots \circ f\omega_n$$

을 모든 (*)에 대해서 만든 x_0이 만드는 집합이며 이것이 이 f_0, f_1에 대한 자기상사 집합이다.

이들 사실에서 자기상사 집합이라는 것은 카오스적 이산역학계의 역과정에서 생긴다는 것을 알게 되었을 것이다.

다음에 흥미있는 자기상사 집합의 예를 알아본다.

(5) 2차원의 자기상사 집합

2차원의 평면은 복소변수 $x+iy=z$의 평면(복소평면)으로 생각할 수 있다.

예를 들면, 앞에서 설명한 코흐 라인은 다음과 같은 간단한 1차의 축소사상에 대한 자기상사 집합이다.

$$f_0(z)=a\bar{z}, \ f_1(z)=(1-a)\bar{z}+a$$

여기서 a를 $\frac{1}{2}+\frac{\sqrt{3}}{6}i$로 잡고

$$K=f_0(K)\cup f_1(K)$$

를 만족하는 복소평면의 집합 K를 잡으면 K가 코흐 라인이 된다. 그것을 보기 위해서는 앞 절에서 설명한

$$f\omega_0 \circ f\omega_1 \circ \cdots \circ f\omega_n$$

이 부동점을 만들어 보면 알게 된다. n을 1, 2, 3정도로 잡고 만들어 보자.

먼저 f_0의 부동점은 0, f_1의 부동점은 1이다.

다음에 교토(京都)대학의 하타(畑政義)가 계산한 예를 든다. 어쨌든 지금까지 설명한 복수개의 축소에 의한 자기상사 집합이라는 표현방식을 발견한 것은 일본에서는 그가 처음이다. 조금 앞서서 미국에서 해치슨이 같은 것을 발견했다. 하타는 코흐 때의 f_0, f_1을

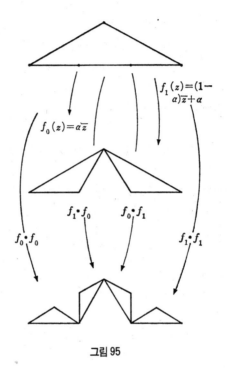

$f_0(z) = a\overline{z}$

$f_1(z) = (1 - \alpha)\overline{z} + \alpha$

$f_1 \cdot f_0$ $f_0 \cdot f_1$

$f_0 \cdot f_0$ $f_1 \cdot f_1$

그림 95

조금 바꿈으로써 다음과 같은 아름다운 그림을 얻었다(그림 96).

$f_0(z)$, $f_1(z)$의 일반적인 형은

$$f_0(z) = az + b\overline{z}, \quad f_1(z) = c(z-1) + d(\overline{z}-1) + 1$$

로서 $K = f_0(K) \cup f_1(K)$를 만족하는 K라는 집합도형을 그린다.

여기서 a, b, c, d라는 복소수의 파라미터를 다음 6가지의 경우에 잡음으로써 그릴 수 있는 도형이다. 판 코흐의 경우는

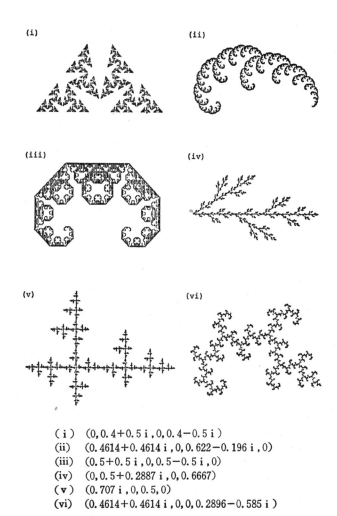

(ⅰ)　(0, 0. 4+0. 5 i , 0, 0. 4－0. 5 i)
(ⅱ)　(0. 4614+0. 4614 i , 0, 0. 622－0. 196 i , 0)
(ⅲ)　(0. 5+0. 5 i , 0, 0. 5－0. 5 i , 0)
(ⅳ)　(0, 0. 5+0. 2887 i , 0, 0. 6667)
(ⅴ)　(0. 707 i , 0, 0. 5, 0)
(ⅵ)　(0. 4614+0. 4614 i , 0, 0, 0. 2896－0. 585 i)

그림 96　(*a*, *b*, *c*, *d*)를 변화시켜서 생기는 도형

$$a = \frac{1}{2} + \frac{\sqrt{3}}{6}i = \alpha$$
$$b = 0$$
$$c = 0$$
$$d = +\frac{1}{2} - \frac{\sqrt{3}}{6}i = 1 - \alpha$$

이었으므로 〔α, 0, 0, 1-α〕로 나타낼 수 있다.

이 중 (iii)은 1930년대에 프랑스의 수학자 폴레비가 연구하여 손으로 그린 그림까지 남아 있다.

기묘한 단조 증가함수

이 장의 처음에 뉴턴의 테를 깨뜨리는 것에 대해서 말했다. 보통 뉴턴이 시작한 미분학에서는 실변수 t의 연속함수가 단조로 증가하기 위한 조건(충분조건)은 그 도함수 $f'(t)$가 양이라고 가르쳐 왔다. 그러나 루벡은 매우 기묘한 함수를 1930년대에 발견하였다. 그 함수는 '연속이고 또한 모든 점에서 증가하고 있는데도 불구하고 거의 모든 점에서 도함수가 0이다'고 한다. 이 함수 $L_a(x)$는 루벡의 특이함수라고 불리며 그 그래프는 그림 97과 같다. 이 함수는 α라는 파라미터가 있고 α의 값에 따라 모양이 다르다.

거의 모든 실수 t라는 표현에 대해서 설명하면 구간 〔0, 1〕 중에서 루벡의 의미의 측도 0의 제외집합에 속하는 t를 제외한다는 것이다. 루벡의 측도 0의 집합 예는 이 장의 처음에 나온 칸토어의 3진집합과 같은 것으로 길이 1의 구간에서 중앙의 3분의 1을 잡는다. 남은 2개의 구간에서 각각 마찬가지로 중앙의 3분의 1을 잡으면 무한으로 해가서 남은 것이 칸토어의 3진집합이다. 지금 구간 〔0, 1〕에서 제거되는 구간의 길이의 합은 계산할 수 있으므로 해보면

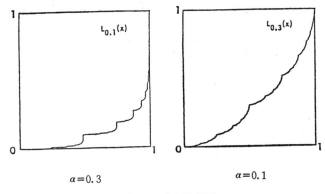

$$\alpha = 0.3 \qquad\qquad \alpha = 0.1$$

그림 97 루벡의 특이함수

$$\frac{1}{3} + \frac{2}{3^2} + \frac{2^2}{3^3} + \cdots\cdots\cdots + \frac{2^{n-1}}{3^n} + \cdots\cdots$$

이라는 무한급수의 합이면 합은 1이 된다. 따라서 그 나머지인 칸
토어 집합은 길이를 갖지 않는다. 이러한 집합이 루벡 측도 0이다.

이 함수의 그래프는 다시 2차원의 2개의 축소사상에 의한 자기
상사집합이다. 어떤 축소사상인가 하면

$$f_0: \begin{cases} x' = \alpha x \\ t' = \dfrac{t}{2} \end{cases} \qquad\qquad f_1: \begin{cases} x' = (1-\alpha)x + \alpha \\ t' = \dfrac{1+t}{2} \end{cases}$$

f_0에 의해서 1변 1의 정사각형 Q는 왼쪽 아래 구석의 직사각형
Q_0으로 옮겨진다. 또 f_1에 의해서 Q는 오른쪽 위구석의 직사각형
Q_1로 옮겨진다.

정다각형의 변수가 무한으로 많아진 극한은 반드시 원이 아니다!
앞의 예와 조금 관련이 있는데, 다음과 같은 것을 생각해 본다.

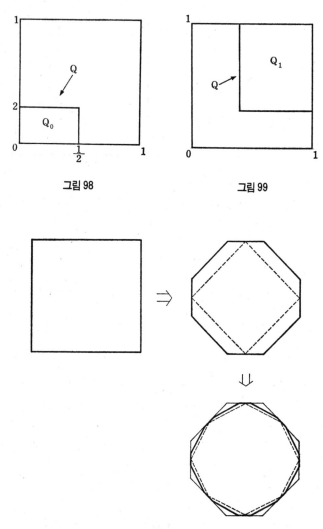

그림 98

그림 99

그림 100

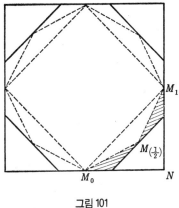

그림 101

단면이 정사각형인 각재가 있다. 이 단면에 대하여 각변의 중앙 3분의 1을 남기고 모를 잘라낸다. 팔각형이 생기는데 이것에 작은 조작을 한다. 이것을 무한히 계속하여 얻어지는 극한 도형은 무엇인가. 실은 원이 아니다. 그림 101에서 볼 수 있는 것과 같이 이 최후의 도형에 안쪽에서 근접하는 정다각형은 틀림없이 있다.

즉 각 단계에서 잘리고 남은 면의 중점을 잇는 정다각형이 근접해 간다. 어쨌든 한번 잘리고 남은 면의 중점이 된 점은 모두 이 최후의 곡선상에 남는다. 따라서 거의 어디서나 이 곡선의 곡률은 0이다(원의 곡률은 어디든지 양의 상수이다). 그림 104는 하타(畑 政義) 씨에 의한 이 도형의 컴퓨터에 의한 그림자이다. 그림 103과 같이 곡선의 4분의 1은 먼저 삼각형 ABC에 들어가고, 다음에 그 2개의 축소인 $AA'M_{\frac{1}{2}}$과 $CC'M_{\frac{1}{2}}$에 들어가고 다시 4개의 작은 삼각형으로 축소되어 간다. 이것도 또한 자기 상사집합이다.

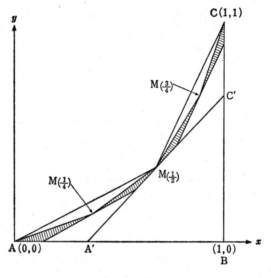

그림 102

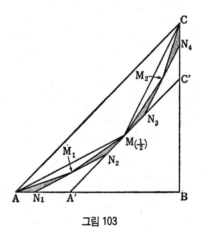

그림 103

이렇게 f_0, f_1을 축소사상으로 결정할 때마다 전체는 모두 그 전체를 축소한 부분으로 성립되는 자기 상사집합이 생긴다.

해안선, 강, 수목 등도 만일 적당한 근사로서의 f_0과 f_1을 발견하면 그것을 재현(근사적으로)할 수 있을지도 모른다. 어떻게 f_0, f_1을 정하는가는 아직 통일적 방법은 없다.

(6) 줄리아 집합과 만델브로 집합

지금까지 설명한 자기 상사집합은 전체는 몇 개인가의 전체의 축소상을 만들고 있는 것이었는데, 좀더 복잡한 것이 오래 전부터 수학에서는 주목되었고, 근년에 컴퓨터의 발전과 더불어 그 그래픽한 표현이 만들어졌다. 그 하나가 줄리아 집합이다. 이것을 먼저 설명한다.

복소변수의 대수방정식

$$f(z) = 0$$

여기서 f는 z의 다항식이라고 할 때, 뉴턴법이라는 이 방정식의 근사해법이 있다. 이것은

$$z_{n+1} = z_n - \frac{f(z_n)}{f'(z_n)}$$

이라는 점화식(漸化式)에 의하여 축차 z_n을 구하고 그것이 어떤 p라는 복소수에 수렴하면 그것이 근을 주고 충분히 큰 n은 그 p의 근사값을 주게 된다. 예를 들면 $f(z)$가 z^2일 때, z_0을 $+i$ 또는 $-i$에 가깝게 잡고 차례차례로 이 점화식을 사용하여 z_1, z_2, z_3 ……로 구해가면 z_n은 이 i 또는 $-i$에 각각 가까워간다.

이럴 때는 좋지만, 일반적으로는 z_0으로서 어디서부터 출발해야

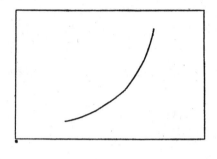

그림 104

하는가 이것에서 구하려고 하는 근 가까이라고 해도 알 수 없다. 또 어느 근에도 가깝지 않은 출발값 z_0(초기값이라고 해도 된다)가 있다.

그래서 이러한 z_0이 어떤 복소평면상의 집합이 되어 있는가 그 것은 매우 기묘한 모양을 가진 집합이다.

컴퓨터에서, 예를 들면 f로 $z^3-1=0$의 근을 구할 때, 어쨌든 이 경우는 앞의 뉴턴법에서 3개의 근 주위에 작은 원판을 설정하여 각각의 원판을 두 가지 색, 예를 들면 흑과 백을 칠해둔다. 그리고 1회 z_0에 앞의 점화식을 적용하여 여기에 z_1이 들어가는 z_0의 영역을 흑 또는 백으로 각각 나눠 칠한다. 다시 더 1회 실시하여 z_2가 들어가는 것을 조금 엷은 색을 칠하고 차례차례 칠해 가서 언제까지나 색을 칠할 수 없는 집합이 남았을 때, 이것이 줄리아 집합이다.

여기에서는 독일의 수학자 파이트겐이 최근 그린 몇 가지 예를 보인다(그림 106, 107). 자세한 것은 권말의 책에서 우시키(宇敷重廣) 씨의 설명을 보면 좋다.

그림 105 줄리아 집합

다음에 만델브로가 처음으로 계산하여 그래프로 만든, 이른바 만
델브로 집합에도 자기상사성을 볼 수 있다.

먼저 만델브로의 집합이란 줄리아 집합과 마찬가지로 복소평면
에서 다항식

$$f_\mu(z) = z^2 + \mu$$

162

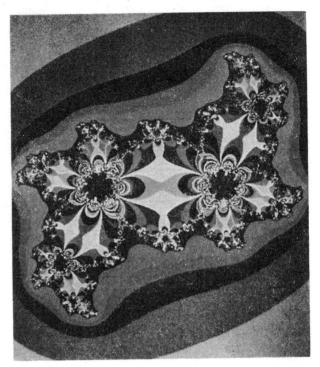

그림 106 줄리아 집합

에 대해서, 역학계

$$z_{n+1}=f_\mu(z_n)+\mu$$

을 생각한다. 여기서 μ값에 의해서 앞의 역학계 궤도 $\{z_n\}$의 수렴 등이 결정된다. 이것은 완전히 μ값과 초기값 z_0에 의해서 결정된 다.

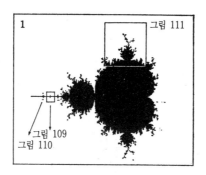

그림 107

지금 특히 z_0을 원점 0에 잡고 n이 무한이 커져도 $\{z_n\}$이 무한히 커지지 않는 파라미터 μ값의 집합을 생각하여 이것을 만델브로의 집합이라고 부른다. 이 그림은 기괴하기 짝이 없다는 것을 설명한다. 만델브로는 이 괴상한 도형을 세계에서 처음으로 보았다.

그림 107은 교토(京都)대학의 니쿠쿠라(完倉光廣)에 의한 계산이다.

그림 108은 만델브로 집합 본체의 개략형이며, 그림 107에 둘러싸인 각부분이 그림 109, 110, 111에 확대되어 있다. 각각 배율은 다르다. 그림 109는 그림 108의 50배, 그림 110은 그림 108의 2만배, 그림 111은 그림 108의 3분의 20배이다.

다시 한번 그림 108의 일부의 약도를 그린 것이 그림 112이다.

여기서 그림 113은 그림 108의 7분의 200배, 그림 114는 그림 108의 200배, 그림 115는 그림 108의 3분의 2000배이다.

도처에 자기상사가 있다는 것을 알게 된다.

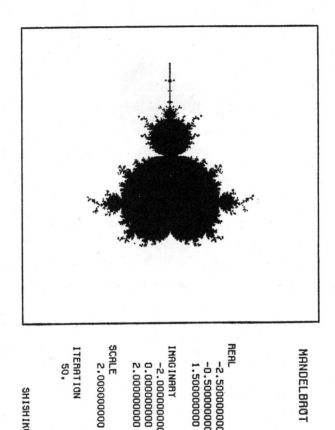

MANDELBROT SET

REAL
-2.500000000
-0.500000000
1.500000000

IMAGINARY
-2.000000000
0.000000000
2.000000000

SCALE
2.000000000

ITERATION
50.

SHISHIKURA

그림 108

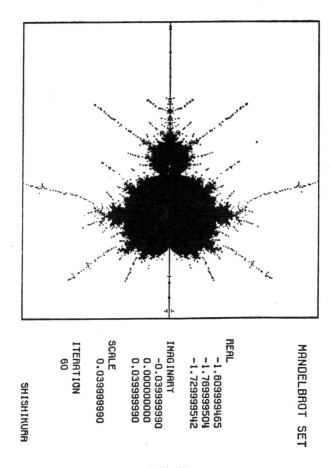

그림 109

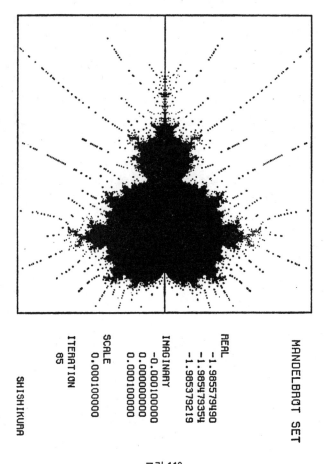

MANDELBROT SET

REAL
-1.985579490
-1.985479354
-1.985379219

IMAGINARY
-0.000100000
0.000000000
0.000100000

SCALE
0.000100000

ITERATION
85

SHISHIKURA

그림 110

MANDELBROT SET

REAL
-0.39999904
-0.09999961
0.19999904

IMAGINARY
0.59999904
0.89999904
1.19999809

SCALE
0.29999904

ITERATION
50

SHISHIKURA

그림 111

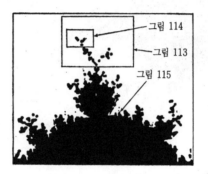

그림 112

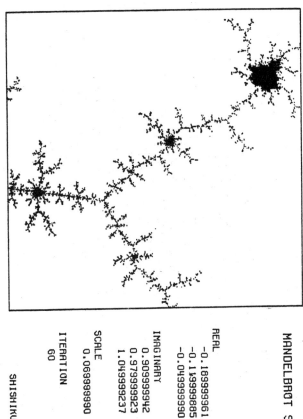

MANDELBROT SET

REAL
−0.18999961
−0.11999885
−0.04999990

IMAGINARY
0.90999942
0.97999923
1.04999237

SCALE
0.06999990

ITERATION
60

SHISHIKURA

그림 113

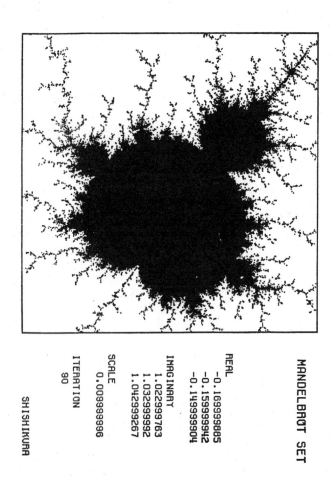

MANDELBROT SET

REAL
-0.16999885
-0.15999942
-0.14999904

IMAGINARY
1.02299763
1.03299992
1.04299267

SCALE
0.00999996

ITERATION
90

SHISHIKURA

그림 114

MANDELBROT SET

REAL
-0.07099975
-0.06799954
-0.06499990

IMAGINARY
0.647999858
0.650999927
0.653999900

SCALE
0.003000000

ITERATION
400

SHISHIKURA

그림 115

(7) 하우스돌프 차원(프랙털 차원)이란

보통, 차원이라고 할 때에는 우리가 살고 있는 세계는 높이, 나비, 깊이와 3개의 변수 x, y, z로 나타낼 수 있으므로 3차원의 공간에 살고 있다고 흔히 말하는 이 차원이다. 물리 등에서는 시간축을 더하여 세계는 그 변화도 고려하면 4차원으로 상을 그릴 수 있다고도 한다. 또 이런 사실로부터 아날로지에서 '세로, 가로'만의 평면은 2차원이라고 부르며, 또 직선이나 선분은 1차원이다.

정사각형이나 직사각형은 2차원이고, 정육면체나 직육면체는 3차원이다. 그리고 수학에서는 모든 점에서 접선을 가진 연속인 곡선이어서 임의의 곡선상에서 2점이 충분히 가깝게 있으면 각각의 점에서의 접선은 구별할 수 없을 정도로 일치에 가까운 것, 이것을 매끄러운 곡선이라고 하면, 예를 들면 평면상이라도 공간내에서도 매끄러운 곡선 또는 그 도막 곡선분의 차원은 1이다. 마찬가지로 생각하여 매끄러운 곡면은 2차원이다.

이러한 차원을 위상적 차원이라고 하며, 정확한 정의가 있어서 만사가 잘 되어 있는 것같이 보인다. 그런데 잘 되지 않는 일이 있다. 이미 1890년에 페아노라는 수학자가 놀랄 만한 것을 발견하였다. 연속곡선이고, 또한 1개의 정사각형의 면 전체를 지나는 곡선이다. 매끄러운 연속곡선의 연상에서 곡선은 모두 1차원이라고 생각하기 쉽다. 그런데 정사각형을 전부 메우는, 이 경우는 앞에서 말한 것과 같이 2차원이다. 어떻게 되어 있는가? 아무래도 매끄럽지 않는 연속곡선에도 차원을 규정해야 한다고 생각되어 왔다. 하우스돌프와 베시코비치가 1937년에 그러한 정의를 내렸다. 이것을 하우스돌프 차원 또는 하우스돌프-베시코비치 차원이라고도 부른다. 이 차원의 정의에 의하면 앞의 페아노의 곡선은 틀림없이 2차원이 된다. 이것과 동차로 분수차원의 것도 나타났다. 예를 들면 앞에서 설명한 칸토어의 3진집합 등은 $\log 2/\log 3 = 0.66\cdots\cdots$ 차원이 된다.

이 장의 제5절까지에서 설명한 자기상사집합에서, 또한 그 자기상사에 사용되는 축소사상의 함수 f_0, f_1 등이 1차식인 때는 비교적 간단하게 이 하우스돌프 차원(이것은 또 프랙털 차원이라거나 상사차원이라고도 부른다)을 계산할 수 있다. 한 가지 빠뜨린 것은 이 새로운 차원을 D라고 하면 처음에 설명한 규칙적인 도형의 경우의 보통 차원 D_T와는 그러한 규칙적인 도형의 경우는 일치하고 있으며, 즉 $D = D_T$이어야 한다. 더욱이 새로운 도형에 대해서는 D가 새로운 차원으로서 계산될 수 있는 것이어야 한다.

여기서 접근하기 쉬운 상사차원을 설명한다. 이들은 자기상사도형에 한정된다. 가장 간단한 자기상사도형은 선분이다.

제5절에서 설명한 것과 같이 구간 [0, 1]은 이것을 N개로 등분하는 것은 N개의 그림 116과 같은 축소사상을 생각하는 것이다. 축소율은 $\dfrac{1}{N}$임이 분명하다. 축소율은 $r(N)$라고 적는다.

$$r(N) = \frac{1}{N}$$

마찬가지 일을 2차원의 직사각형에서 해보자(그림 117).

이때 각변의 축소율 $r(N)$은

$$r(N) = 1/N^{\frac{1}{2}}$$

이다. 직육면체에서 해보자.

이때는

$$r(N) = 1/N^{\frac{1}{3}}$$

이 된다.

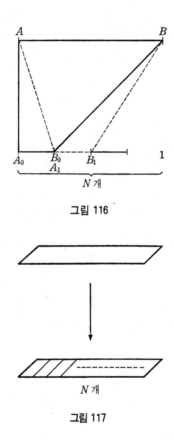

그림 116

그림 117

이것으로 알 수 있는 것과 같이

$$r(N) = 1/N^{\frac{1}{D}}$$

이라고 적으면 선분, 직사각형, 직육면체가 보통의 차원이 1, 2, 3
인데 대해서 $r(N)$식의 우변의 분수 중의 D가 1, 2, 3이다. 이것

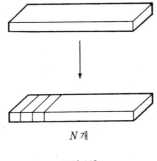

*N*개

그림 118

을 일반화하면, 예를 들어 제5절에서 자기상사 도형으로 특징적인, 가령 칸토어의 3진집합에서는 축소율은 3분의 1이며 분할수 *N*은 2이다.

$$\frac{1}{3} = 1/2^{\frac{1}{D}}$$

이 성립하는 *D*는 식을 변하여

$$2^{\frac{1}{D}} = 3$$
$$2 = 3^D$$

그래서 양변의 자연 로그를 취하면

$$\log 2 = D \log 3 \Rightarrow D = \frac{\log 2}{\log 3} = 0.66 \cdots$$

다음에 코흐의 곡선은 어떤가. 이 경우는 축소율은 $|\alpha| = \frac{1}{4} + \frac{1}{12} = \frac{1}{3}$, 분할수는 4이므로

$$(*)\quad D = \log N / \log\left(\frac{1}{r}\right)$$

로서 상사차원을 정의하면

$$D = \log 4 / \log 3 = 1.36 \cdots\cdots$$

(＊)의 정의는 이러한 자기상사도형에 한정되는데, 가장 일반적으로 정의되는 하우스돌프 차원과 일치한다.

제6장

카오스와 프랙털—금후의 전망

　지금까지 카오스와 프랙털에 관해서 수학자로서의 관점에서 여러 가지 얘기를 했다. 이러한 연구는 앞으로 어떻게 되는가 1934년 구키(九鬼周造)는 『우연성의 문제』라는 책을 썼다. 이 책에서는 필연이란 '존재가 그 자신에게 근거를 가지는 경우'이며 그렇지 않는 존재를 우연이라고 불렀다. 그리고 수학의 확률론도 결코 우연 그 자체에 대하여 논하는 것이 아니고 양자역학도 우연 그 자체는 다루지 않는다. 다른 학문은 결국 필연성만을 논의하는데, 다만 형이상학만이 '우연'에 학문적으로 다가설 수 있다고 말하고 있다. 다만 이 책은 재미있게 여러 가지 우연성을 분류하는 중에서 이렇게 일단 다른 것으로서 필연과 우연을 파악하면서 여러 가지 장면에서 이 두 가지가 한없이 접근하는 것을 얘기했다.

　이런 데에서 카오스나 프랙털과의 관련이 나타나리라는 생각이 든다. 즉 카오스의 연구는 결코 우연성 그 자체의 연구라고 해서는 안되지만 어떤 종류의 우연성이 필연성과 가까워지는 장면을 필연성 쪽에서 바라보는 것이라고 해야 하지 않을까.

　여기서 이때에 한 마디 해두고 싶은 것이 있다. 종종 카오스의 정의를 일상 흔히 쓰이는 '아무래도 이치를 달 수 없는 제멋대로의 상태'라는 식으로 정의해서는 카오스의 수학이 만들어질 수 없다. 왜냐하면, 만일 그런 수학이 만들어졌다고 하면, 그것은 지금 정의로부터 카오스일 수 없기 때문이다. 이렇게 말하면서 득의양양한 얼굴을 하고 있는 수학자가 있다. 이것은 그들의 '카오스'의 정의가 문자 그대로 제멋대로임을 나타낼 뿐이다. 지금까지 보인 것과 같이 카오스의 수학이 1800년대로부터 두드러지지는 않았지만 진행되어 그런 것이 컴퓨터의 덕분에 상당히 가속화되어 계속될 것이 틀림없다. 조금 대담하게 앞으로의 학문의 행방을 전망해 보자.

(1) 수학은 어떻게 되는가

물론 줄리아 집합이나 만델브로 집합의 연구는 이대로 진행될 것이다. 아마 다변수 함수론과의 접촉면이 드러날 것이다.

더 바라고 싶은 것은 미분방정식과의 관계이다. 이것에 대해서는 저자와 하타(畑鍵義)의 연구는 그 제일보라고 말할 수 있지 않을까. 제5장 '카오스에서 프랙털로' 속에 설명한 136쪽에 있는 다카기(高木)의 함수는 연속이지만 모두 미분되지 않는다. 물론 보통 의미에서의 미분방정식의 해가 되지 못한다. 그럼에도 불구하고 유명한 푸아송 방정식을 확장한 하나의 차분방정식(무한개의 연립)의 경계값 문제의 해가 되는 것은 수학적으로 엄밀하게 증명할 수 있다. 더욱이 재미있는 것은 154쪽에서 얘기한 기묘한 단조함수(루벡의 함수)도 다카기 함수와 같은 차분방정식계를 적당한 경계조건 아래에서 풀어서 얻어지는 해이다.

이렇게 기묘한 함수가 일반화된 의미에서의, 미분방정식의 해라는 것이 판명되면 그 상호관계를 발견할 수 있다.

예를 들면 우리는 다카기 함수 $T(x)$와 기묘한 단조함수인 $L_a(x)$(루벡의 함수)와의 사이에 다음과 같은 아름답고 단순한 관계가 있다는 것을 발견하였다.

$$\left. \partial \frac{L_a(x)}{\partial \alpha} \right|_{\alpha=\frac{1}{2}} = 2T(x)$$

이렇게 지금까지의 수학에서 다룬 보통 함수(기묘하지 않는 함수)끼리 사이에 여러 가지 아름다운 관계가 성립된 것과 마찬가지로 기묘한 함수끼리 사이에 아름다운 관계가 성립되는 것은 더 조직적으로 연구되어도 좋지 않을까 생각된다.

우선, 예를 들면 지금 설명한 $T(x)$ 다가기 함수의 2차원판 x와 y의 함수가 어떤 것인가 등, 연구해야 할 주제는 많다. 지금 얘기한 예를 좀 일반화하면 잘 알려진 편미분방정식의 약한 해로서 제5장의 프랙털과 같은 계면을 가진 해가 나오는 것을 수학으로서 엄밀하게 나타낼 수 있으면 대단한 성공이다. 이것으로 수학에 대해서는 마친다.

(2) 생물학 및 생리학과의 관계

제2장에서 카오스의 개념은 우연히도 우치다(內田) 교수의 실험 및 로버트 메이의 수치실험에서 발견되었다는 것은 얘기했는데, 우치다 교수의 실험은 실험실 안에서의 인공적으로 관리된 실험이며 야외 실험은 아니다. 정말로 야외에서의 생물 개체군의 변화에 대하여 카오스적인 개체군의 개체수 변화는 유감스럽게도 아직 하나의 예도 발견되지 않았다. 이것은 하나로는 야외인 경우의 개체수의 계속 방식의 곤란함도 하나의 원인이겠지만 또 하나가 있다. 그 개체군을 둘러싸는 환경의 흔들림에 대해서 생물 자체가 카오스적 변화를 하여도 마침 균형잡혀서 관측에 걸리지 않는지도 모른다.

카오스의 생물에 있어서의 의의에 대해서는 현재로서는 아무것도 확실한 것은 발견되기까지에는 이르지 못하고 있다. 그러나 아무것도 모르기 때문에 여러 가지로 상상할 수 있다. 예를 들면 생물은 자율적으로 항상 일정한 흔들림(카오스)을 발생하는 장치가 있는지 모른다. 그 목적은, 이를테면 앞에서 얘기한 것 같은 외부환경으로부터의 흔들림에 대응할 수 있기 때문인지도 모르고, 더 상상을 확대하면 이 자율적으로 발생하는 흔들림은 제3장에서 설명한 것과 같은 랜덤한 것이 아니고, 예를 들면 A, B라는 단지 2개의 알파벳으로 이루어지는 모든 순서의 열이 나오는 것이 아니고 A와 A로 2개가 계속되는 일은 절대 없다는 일종의 문법이 들어간 카오스가 나온다. 이것은 하나의 그 생물에 특유한 언어를 발생하여 그것으로 생물은 자기를 증명하고 있는 것이 아닌가? 따위로 꿈과 같은 것도 생각된다.

(3) 물리학에 있어서의 카오스

제3장에서 얘기한 것과 같이 원래 이 카오스의 개념은 열대류에서 난류가 생기는 장면으로부터 발견된 것인데, 그 이래 화학진동, 비선형 광학 및 1800년대로부터 이어지고 있는 천문학에서 중요한 운동의 한 분류가 되어 있다. 앞으로 더욱 연구될 것이다.

프랙털에 대해서는 지리학이나 천문학 이외에 최근은 금속의 응집이나 파괴, 또한 방전 문제에까지 사용되고 있다.

인문, 사회과학에 대해서도 이 개념은 유용하다고 생각되는데 이것에 대해서는 얘기하지 않겠다. 이 책으로 공부한 독자가 상상력을 구사하여 생각해 보기바란다.

후기

고단샤(講談社)로부터 카오스에 대한 블루백스를 의뢰받은 것은 실은 1978년경이라 생각된다. 다만 그때는 카오스에 대한 공부를 막 시작하였을 무렵이었으므로 거절하였다.

이번에는 이 책을 쓰고 싶었기 때문에 수락하고 가까스로 간행에 이르렀다.

편집과 오오에(大江千尋) 씨에게 감사하고 싶다. 이 기회를 빌어 연구실 사람들 및 이 연구실 출신의 우시키(宇敷重廣) 씨에게 협동연구의 공을 감사하고 싶다.

또 이 책 제2장의 생태학 계보에 대해서는 다음 책을 참고로 하였다.

G. Eveline Hutchinson 『*An Introduction to Population Ecology*』 Yale University Press 1978

야마구치 마사야

山口昌哉

참고문헌

* 표는 더 자세하게 수학적으로 공부하고 싶어하는 사람을 위한 참고서

「法則としてのカオス」山口昌哉著 (「創造の世界」1982年 2月 號) 小學館

*「無限の分岐－カオス」山口昌哉著 (「入門現代の數學 〔1〕 非線型の現象と解析」數學セミナー增刊) 日本評論社

*「一次元と二次元のカオスについて」 山口昌哉 (「數學」第34卷 1982年 1月) 巖波書店

「解き明かされる「混とん」の世界」 山口昌哉 (「科學朝日」43卷 1983年 9月) 朝日新聞社

「混沌と生物學」山口昌哉 (「化學と生物」21卷 12號 1983年 12 月)

*「區間力學系とカオスと周期点」高橋陽一郎 (「都立大學數學教室 セミナー報告 1980年」)

『フラクタル幾何學』ベンワー・マンデルブロ著 廣中平祐監譯 日 經サイエンス社

『不安定性とカタストロフ』J. M. T. トムソン著 吉澤修治, 柳田 英二譯 產業圖書『フラクタル』高安秀樹著 朝倉書店

찾아보기

카오스와 프랙털   **B128**

1993 년 6 월 20 일 초판
2001 년 11월 25 일 3 쇄

옮긴이 한명수
펴낸이 손영일
펴낸곳 전파과학사
서울시 서대문구 연희2동 92-18
TEL. 333-8877 · 8855
FAX. 334-8092   1956. 7. 23. 등록 제10-89호

공급처 : 한국출판 협동조합
서울시 마포구 신수동 448-6
TEL. 716-5616~9
FAX. 716-2995

· 판권 본사 소유   ●파본은 구입처에서 교환해 드립니다.
                         ●정가는 커버에 표시되어 있습니다.

ISBN 89-7044-128-X   03410

Website www.S-wave.co.kr
E-mail S-wave@S-wave.co.kr

BLUE BACKS 한국어판 발간사

블루백스는 창립 70주년의 오랜 전통 아래 양서발간으로 일관하여 세계유수의 대출판사로 자리를 굳힌 일본국·고단샤(講談社)의 과학계몽 시리즈다.

이 시리즈는 읽는이에게 과학적으로 사물을 생각하는 습관과 과학적으로 사물을 관찰하는 안목을 길러 일진월보하는 과학에 대한 더 높은 지식과 더 깊은 이해를 더 하려는 데 목표를 두고 있다. 그러기 위해 과학이란 어렵다는 선입감을 깨뜨릴 수 있게 참신한 구성, 알기 쉬운 표현, 최신의 자료로 저명한 권위학자, 전문가들이 대거 참여하고 있다. 이것이 이 시리즈의 특색이다.

오늘날 우리나라는 일반대중이 과학과 친숙할 수 있는 가장 첩경인 과학도서에 있어서 심한 불모현상을 빚고 있다는 냉엄한 사실을 부정 할 수 없다. 과학이 인류공동의 보다 알찬 생존을 위한 공동추구체라는 것을 부정할 수 없다면, 우리의 생존과 번영을 위해서도 이것을 등한히 할 수 없다. 그러기 위해서는 일반대중이 갖는 과학지식의 공백을 메워 나가는 일이 우선 급선무이다. 이 BLUE BACKS 한국어판 발간의 의의와 필연성이 여기에 있다. 또 이 시도가 단순한 지식의 도입에만 목적이 있는 것이 아니라, 우리나라의 학자·전문가들도 일반대중을 과학과 더 가까이 하게 할 수 있는 과학물저작활동에 있어 더 깊은 관심과 적극적인 활동이 있어 주었으면 하는 것이 간절한 소망이다.

1978년 9월

발행인 孫永壽